U0265184

长江少儿科普馆 **Changjiang Children's Encyclopedia**

中国孩子与科学亲密接触的殿堂

刘兴诗爷爷讲述

世界大自然

—— 非洲 南极洲

刘兴诗 著

长江出版传媒 | 长江少年儿童出版社

目录
contents

目录 contents

NANJIZHOU 南极洲 180

南非西蒙斯敦军港，位于非洲大陆最南端的法尔斯湾西岸。（曾志/FOTOE）

非洲

FEIZHOU

"非老二" "非老大"

啊，非洲，巨大的大陆。

非洲到底有多大？测量一下它的纵横方向有多长多宽，就可以想象它的大小了。

它从北到南，大约 8000 千米长；从东到西，最宽的地方大约 7500 千米，真是够长够宽了。

除去东北角的苏伊士运河以东、联结亚洲的西奈半岛，非洲呈倒三角形，周围环绕着地中海、红海、印度洋和大西洋。

地名资料库

非洲 全名叫作阿非利加洲。这个名字非常古老，原本是公元前居住在北非迦太基南部地区的一个部落的名称。公元前 2 世纪，罗马人占领了这里，在迦太基建立了阿非利加省。后来，这个名字被用于指称整个非洲大陆。对这个名字的含意也有不同的解释。有人说，这是拉丁文"灼热阳光"之意；有人说，这是腓尼基语"殖民地"之意，因为古代西亚腓尼基人曾在北非迦太基开拓殖民地，所以叫作这个名字；有人说，这是阿拉伯语"土灰色"和"灰尘"的意思；还有人说，这是当地迦太基人对附近的牧民的称呼，或者是古代一个女王的名字。

巨大的非洲，好像一个巨人伸开手脚平躺在地上。再测量一下它的左手和右手、左脚和右脚伸展得有多远，岂不也知道它到底有多大了吗？

这就得弄清楚它的东、西、南、北四个极点。

它的"东极"哈丰角位于北纬 10°27′，东经 51°24′，伸进温暖的印度洋；"西极"佛得角位于北纬 14°45′，西经 17°33′，伸进波涛滚滚的大西洋；"北极"阿比亚德角，又叫

毛里求斯路易港。（佚名 /FOTOE）

吉兰角、本赛卡角，位于北纬 37°20′，东经 9°50′，突进地中海中间；"南极"厄加勒斯角，位于南纬 34°51′，东经 20°02′，分开了东边的印度洋和西边的大西洋。

非洲总面积大约 3020 万平方千米，仅仅次于亚洲，是世界第二大洲。非洲，仅仅是一块巨大的陆地吗？不是的，它还包括周围大洋里的许多岛屿，主要有印度洋里的索科特拉岛、奔巴岛、桑给巴尔岛、阿尔达布拉群岛、塞舌尔群岛、科摩罗群岛、马达加斯加岛、马斯克林群岛、留尼汪岛、毛里求斯岛、克罗泽群岛、爱德华王子群岛等，红海里的达赫拉克群岛，大西洋里的亚速尔群岛、马德拉群岛、加那利群岛、佛得角群岛、圣多美群岛、阿森松岛、圣赫勒拿岛、特里斯坦—达库尼亚群岛等。非洲是世界各洲中岛屿数量最少的一个洲。除世界第四大岛马达加斯加岛外，其余都是小岛。岛屿总面积大约 62 万平方千米，只占整个非洲总面积的 2% 左右。

啊，非洲，古老的大陆。

小知识

造山运动　地壳局部受力、岩石急剧变形而大规模隆起形成山脉的运动，仅影响地壳局部的狭长地带。目前观测到的最后一次造山运动是燕山运动，其结束时间是白垩纪末期，距今已有 1 亿年。

翻开非洲的历史，是一部完完全全的古老历史。

历史，就是历史，都是过去的记录。怎么还会有什么完完全全的历史，难道还有不太完全的历史吗？

说对了。别的大陆的历史，一部分老，一部分新，就不是完全古老的。用排名老大的亚洲和南、北美洲来说吧，包括喜马拉雅山脉、落基山脉、安第斯山脉在内的"脊梁"，以及一串串火山岛，时代就新得多。有的主要诞生于造山运动，甚至还在恐龙时代以后呢。而非洲大陆，几乎完完全全都是古老的。

非洲大陆到底有多古老？

地质学家说，这个古老的大陆，包括好几个更加古老的"陆核"，南部非洲的特朗斯瓦地区，一些岩浆岩和变质岩的年龄达到了 30 亿年左右，东非一些地方埋藏在下面的岩石年龄也超过了 29 亿年，西非一些地方的岩石年龄达到 28 亿年，中非一些地方的花岗岩年龄达到 27 亿年，西北非一些地方的变质岩年龄也达到了 27 亿年。听一听这些岩石老爷爷的年龄吧，就知道非洲大陆多么古老了。从这一点来说，亚洲老大也比不上它。"亚老大"只不过个头大些，要算整体的年龄，还得让位给"非老大"。弟弟比哥哥的个儿大，一点也不稀奇。哥哥是哥哥，弟弟是弟弟，这个关系可不能含糊。

非洲不仅巨大、古老，这里的地下矿藏数也数不清，从闪闪发光的钻石、黄金，青铜时代和铁器时代的奠基石铜矿和铁矿，到各种各样的有色金属、稀有金属，以及石油、天然气，是真正的聚宝盆。谁都知道，这里还是有名的天然热带动、植物园。

非洲高原的照片

我走遍了非洲大陆，几乎走遍了所有的角落，拍摄了一大堆照片，拿回家给朋友们看，大家纷纷好奇打听："这是哪儿呀？那是哪儿呀？"

说实在的，由于照片太多，我自己也记不清楚了，只好手指着一张照片说："这是埃塞俄比亚高原风光。"

接着，我又指着另一张说："你们看，这就是南非高原的自然景观。"

往下一张，我对大家说："看呀，这就是有名的东非高原。"

再往下一张，我说："这是上几内亚高原。"

接着，我再指着第五张照片告诉大家："瞧吧，这是我在喀麦隆高原

长颈鹿，南非比林斯堡国家公园。（曾志 /FOTOE）

小知识

非洲地形以高原为主，加上一些断陷盆地和边缘山地，地形变化不如其他大洲显著。

拍的照片。你们没有到过那里不知道，那儿就是这副模样。"

往下我又展示了其他一些高原照片，几乎囊括了整个非洲大陆。我说得眉飞色舞，大家看得津津有味。

话说多了，我自己也弄混了。一会儿，我又指着同一张高原照片说："瞧吧，这就是埃塞俄比亚。"

大家一看，一下子愣了。有人说："刚才你告诉我们，这是上几内亚。怎么变成埃塞俄比亚了？"

我连忙拿起来看了又看，自己也迷糊了，仔细回忆了老半天，也想不起到底是上几内亚还是埃塞俄比亚，猛拍了几下脑瓜，也没法勾起一丁点儿印象，只好嚅嚅嗫嗫地说："实在对不起，这两个地方差不多，我自己也记不清楚了。"

哈哈！哈哈！大家都笑了。

有人说："唉，你这个马大哈，真搞笑呀。"

有人说："我们没有到过非洲，你莫不是蒙我们的吧？"

甚至有人说："我怀疑你是不是真正走遍了非洲。自己拍的照片，怎么可能自己也记不住呢？"

噢，这叫我怎么说呢？我向老天爷起誓，非洲真的就是这个样子，几乎整个大陆就是一个特大号的高原，各处的景观差不了多少。谁不信，自己去看吧。

我说的可是大实话，整个非洲大陆基本上就是一个大高原，只不过中间一些地方断裂陷落成为盆地，把整个非洲高原分解开了，形成一个个独立部分，也就是上面所说的埃塞俄比亚高原、东非高原、南非高原、上几内亚高原等。一些高原边缘，还有很少一些褶皱山地，加上个别沿海平原，点缀了单调的景观而已。

地球上最长的伤疤

地球的面孔上有一道长长的伤疤，从西亚经过红海，一直伸进了非洲大陆东部。

啊，地球受了这么重的伤，可得找医生好好瞧一瞧呀。如果伤口还没有好，应该抹了药认真包扎才对呀。

别担心，虽然这是一道伤疤，却完全不用上药，更不必包扎。倘若真的缠满了纱布，那才难看得要命呢。

你不信吗？请跟我一起去看看东非的伤口吧。

这道伤疤很长很长。从红海边一直伸展到赞比西河口，跨越了赤道，有 6750 千米长。

这道伤疤很宽很宽，有 50 到 80 千米宽。

这道伤疤很深很深。不同的地方深浅不一样，从上到下至少有七八百米深，最深的地方达到一两千米。

这道伤疤很好看，是世界上最漂亮的伤疤。

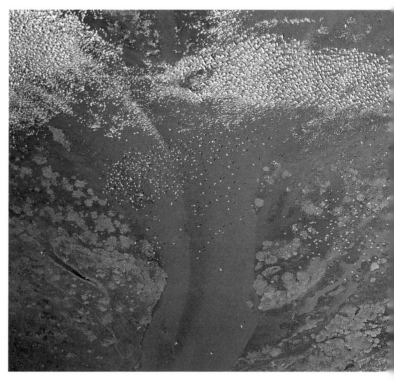

东非大裂谷。（王琛 / CTPphoto/FOTOE）

小知识

东非大裂谷是活动性的断裂带，有可能慢慢把大陆撕裂成两半。谷内散布着成串的湖泊，自然环境很好，是天然动物园，也是古人类起源的摇篮。

喔，这是什么话？伤疤就是伤疤呗，瞧着就恶心，有什么好看的？

你不信吗？真的很漂亮呢。

仔细看这道伤疤，想不到竟是一条又宽又长的山谷。谷底生长着成片的草地和森林，伸展着一条条河流，散布着成串的大小湖泊，一派美丽的水乡风光。和上面的荒凉高原相比，简直就是另一个天地。

这道伤疤似的谷底，有成群结队的野生动物，比别的地方更多，是天生的动物园。

这里出土了许多古人类化石，也是古人类起源的摇篮。传说人类共同的祖先，320 万年前的那个"露西少女"就生活在这里，是人类共同的"黑妈妈"。

喔，这是怎么一回事，地球面孔上怎么会有这么长的伤疤？难道是宇宙太空里钻出一个杀手，恶狠狠砍了地球一刀吗？

不是的，这是一道天生的大裂谷。原来这里是一条巨大的断裂带。伤疤所在的地方，就是断陷下沉的地方，地质学家把它叫作大裂谷。

东非大裂谷分为东、西两支。东支沿着维多利亚湖东侧，向北经过坦桑尼亚、肯尼亚中部，穿过埃塞俄比亚高原，进入了隔断非洲和亚洲的红海，再朝西北方向延伸，最后直达约旦谷地。这一条裂谷带比较宽，谷底比较平坦，裂谷两边都是陡峭的断崖。

西支裂谷带在维多利亚湖西边，由南向北穿过坦噶尼喀湖、基伍湖、爱德华湖、艾伯特湖等一连串湖泊，向北伸展进埃塞俄比亚高原，规模比较小。

这两个裂谷带旁边的高原上，散布着许多火山。有名的乞力马扎罗山、肯尼亚山、尼拉贡戈火山，都和生成大裂谷的断裂作用有密切关系。

人们发现，东非大裂谷还在持续活动。地质学家发出了预言，未来非洲大陆将会沿着大裂谷，逐渐分裂成两个大陆板块呢。

非洲气候三句话

　　一个游客拿起手机问："喂，气象台吗？我要到非洲去旅行，那儿的气候怎么样？"手机里传出气象台的回答："气温，请按 1；雨量，请按 2；湿度，请按 3；风力，请按 4……"

　　游客先按了一下 1。手机里传出同样声音的回答："请记录，明天开罗 32℃，喀土穆 34℃，金沙萨 40℃，达累斯萨拉姆 39℃，开普敦 27℃……"

　　非洲的城市很多，声音甜美的值班小姐还在不停往下报。游客记住开罗，记不住喀土穆，记住金沙萨，记不住达累斯萨拉姆，手忙脚乱记了一大堆，实在不耐烦了，大声嚷道："你说这么多，怎么记得住呀！"

　　手机里的气象台值班小姐客气地说："对不起，这是我们的程序。你不用管别的，只记你想去的地方就得啦。如果你只到一个地方，也可以直接提出来，专门给你回答。"

　　游客说："我要去的地方很多，一下子也说不清。"气象台值班小姐非常耐心，反问他："非洲那么大，你到底要到哪儿去呀？"

　　游客说："我打算漫游整个非洲，你能给我一个简单的回答吗？"气象台值班小姐终于明白了他的意思，手机里传出了回答："请记录，非洲气候特点有三个：一、干燥；二、暖热；三、气候带南北对应。回答完毕。"

　　这个游客记下了这三个特点，可是他明白这到底是怎么一回事吗？

　　为什么说非洲气候干燥？因为沙漠和干旱的荒原就占了整个非洲的三分之一，当然非常干燥喽。

　　为什么说非洲气候暖热？因为非洲处于北纬 37°和南纬 35°之间，太阳直射范围大，当然很暖和，有的地方还很热呀。

大树下的狮子，东非肯尼亚马
赛马拉草原。（董建民 /FOTOE）

为什么说非洲气候带南北对应？说来道理很简单，因为赤道正好从这个大陆的中间穿过，气候带在赤道南北对称排列，非洲气候当然南北对应啊。

没有挡风墙的非洲气候

那个要到非洲去的游客听了气象台的回答，心里迷迷糊糊的，还有些不明白，拿起手机接着问："喂，你说非洲气候特点只有三句话，总得说出道理呀。"

手机里传出气象台的回答："地理位置原因，请按1；地形原因，请按2；周边海洋原因，请按3……"

唉，遇着这样不紧不慢的回答，有气也没有地方撒。游客没辙了，长长叹了一口气，只好老老实实先按1。

手机里传出气象台值班小姐的声音："道理很简单。非洲地跨赤道两边，缺少寒带和温带。总的来说，当然气候暖热啰。"

游客听懂了，接着又按2。

手机里传出同样的声音："非洲地形简单，几乎就是一个大高原，缺少高大的山脉。没有挡风墙，也没有挡雨墙。风能够自由自在吹来吹去，各处的气候当然差不多。既然地形条件相同，各地之间缺乏挡风墙，海陆距离因素的影响就大了。简单说，各地和海洋距离的远近，常常决定了不同地方气候的细微差别。离大海远的，得到的水分少，必定比较干燥；与此相反，距离海洋近的，降水量大些，空气也湿润得多。"

游客也听懂了，接着又按3。

手机里还是传出那个声音："非洲海岸比较平直，受沿海的海流影响几乎一样。这也是整个非洲

小知识

没有高大山脉阻挡气流的简单地形，平直的海岸线，是非洲大陆各地气候环境大致相同的一个重要原因。海陆距离远近决定了各地的具体差别。

非洲草原上的合欢树，肯尼亚马赛马拉野生动物保护区。（董建民/FOTOE）

气候相似的一个原因。"

　　游客虽然听懂了这个道理，但是心里还有些疑问。这只说到整个非洲大陆气候的一致性，也讲到了暖热的一点原因，可是非洲大陆那么大，各地的气候环境毕竟还有一些差别，气象台值班小姐可没有完全解释清楚。

　　他拿起手机，"喂喂喂"一阵大喊大叫，想接着再问：为什么不同的地方，多多少少总有些差别？这该怎么解释呀！

　　下一步，该按几，才能得到满意的回答？

　　噢，气破肚皮了。手机没有电了，想再多问一句，也听不到那个气象台值班小姐甜美的声音了。

非洲河流的性格

两个游客来到非洲，走了不少地方，看了不少河流。

一个游客问同伴："咦，为什么非洲不同的河流有些不一样？"

他说得对，例子举也举不完。随便说说吧，非洲不同的河流就有许多不同。

你看，中非几内亚湾旁边的河流，水量都很大，全年流量很稳定，浩浩荡荡流进几内亚湾的刚果河，就是最好的例子。

又看，西非一些河流，一年之内的流量变化很大。塞内加尔河可以作为例子。

再看，北非一些河流，一年之内的流量变化也大。可是洪水期、枯水期恰恰和西非河流相反，这是怎么一回事？阿尔及利亚、摩洛哥境内的一些小河就是这样的。

北非的河流都是这样的吗？也不完全是呀！流进地中海的第一大河尼罗河，水量变化就不同，又是怎么一回事？

最后看沙漠里的河流，流量小，变化大，和别的河流完全不一样。

他一口气说完了，等着朋友回答。

他的朋友不慌不忙说："这是不同的河嘛，当然不一样。"

他又问："我也知道是不同的河流，可是为什么会有这么大的差别呢？"

朋友依旧不急不慢地说："这还不简单，性格不同呗。"

他觉得有些奇怪，河流不是人，也有不同的性格吗？

朋友说："你别小看了河流。其实

小知识

河流特点由地理环境决定，洪水期、枯水期往往和雨季、旱季相对应。

尼罗河，埃及卢克索地区。（黄旭／FOTOE）

河流和人一样。不同的人，性格不一样。不同的河流，也有不同的性格。"

这是真的吗？谁能说得更清楚些，解决他心中的疑惑？

人的性格形成受环境影响，河流性格的形成也是一样的。就拿前面说的这几条河来说吧，情况就非常清楚。

中非几内亚湾位于赤道多雨的热带地区，那里的河流水量当然非常丰富，一年四季流量都很稳定，刚果河就是最好的例子。

以塞内加尔河为代表的西非河流，虽然也在热带，却靠近大西洋，位于季风影响的区域内，夏天是雨季，冬天是旱季，所以季节性的流量变化很明显。

北非一些河流位于地中海气候区，雨季和旱季正好和西非相反，所以河流流量变化也和西非相反。在这儿，只有尼罗河例外，因为它很长，沿途流过了好几个气候区，所以和其他流进地中海的小河不一样。

沙漠河流的特点更加明显，流量特别小，变化也特别大。下一场暴雨就发洪水，一般几个小时，最多几天就结束了。不消说，水的含沙量也特别大。

腓尼基水手的报告

非洲海岸是什么样子？首次环绕非洲大陆航行的水手最有发言权。

非洲最古老的国家是埃及。埃及面临着地中海和红海，中间被一道地峡隔开，来往很不方便。

公元前 6 世纪末，古埃及法老尼科二世在位的时候（公元前 610 年—公元前 593 年），雄心勃勃计划开凿一条运河，从尼罗河三角洲的帕托奠司城附近开始，沿着一道山脚和一连串洼地，直达红海边。

可惜由于种种原因，这个最古老的"苏伊士运河"计划开工一半就被放弃了。

下一步怎么办？

尼科二世不死心，请了当时最有经验的腓尼基海员，准备了最好的船只，命令他们从红海边出发，沿着海岸绕过整个非洲大陆，寻找一条从海上通往北方地中海的航线。

腓尼基海员出发了。

由于当时都是平底船，经不住海上风浪折腾，海员们对前方的情况也不熟悉，所以不敢驶入广阔的大洋，只能小心翼翼地紧挨着海岸航行。

他们凭着丰富的航行经验和非凡的毅力，终于绕过非洲大陆最南端的海角，转舵驶向北方，最后经过直布罗陀海峡，进入地中海，返回埃及的亚历山大港。

他们回来后，向大家报告一个奇怪的现象。起初太阳在船的左舷升起，绕过南方海角后，太阳便从右舷升起了。

人们觉得不可理解，每天太阳都从东方升起，怎么会一会儿从这边升起，一会儿又从那边升起呢？

小知识

海岸线弯曲情况和陆地地形、地质构造有关。非洲海岸以缺乏半岛和海湾的平直为特点，大陆海岸线全长30500千米。

唉，古时候的人们缺乏科学知识，不明白这正因为绕过南方海角后，船改变了航向。起初由北向南，后来由南向北，太阳当然先从船的一边升起，后来改为从另一边升起啰。

腓尼基海员还发现了另一个现象，可惜人们也没有注意。当他们沿着海岸航行的时候，瞧见岸线总是平直的，很少有伸进海的半岛，也很少有凹进去的海湾。

这可是非洲海岸最早的考察报告呀！这正是非洲海岸和其他各大洲海岸不同的地方。

为什么非洲海岸很少曲折？

和它的地质构造有关系。原来这是一个古老的地块，属于南方冈瓦纳古陆的一部分，地质时代十分悠久。它的海岸基本是断裂形成的，很少有新生的山脉和海岸直交或斜交，加上它的地形主要是高原，直接挨靠着海岸，海岸线基本是一条直线，当然就没有太多的弯曲，缺少半岛和海湾了。

要不，弯弯曲曲的海岸线，准会把腓尼基海员折腾得够呛。

红映映的大海

大海是什么颜色？

大海是蓝的。蓝色的大海，是人们最熟悉的大海的面孔。

是啊，在人们的印象里，大海就是蓝幽幽的，好像闪光的蓝色绸缎一样。

大海是什么颜色？

大海是红的。非洲和亚洲之间的红海，海水就是红的。要不，怎么叫这个名字？

红海真是红的吗？

说对，也对；说不对，也不对。

仔细看红海的海水，还是蓝幽幽的，和别的海洋没有什么不一样。红海这个名字，似乎和它有些联系不上。人们就会说，这是谁给它取的名字呀，如果不是开玩笑，取名的人就是天生的色盲。

信不信由你，在红海的有些地方，有的季节里，海水可真的发红呢。如果连这也看不见，倒真的是色盲了。

瞧着眼前这幅景象，人们不禁发呆了。咦，这是怎么一回事？蓝色的大海怎么会变得红映映的？莫非自己的眼睛真有毛病，得上医院好好检查？莫非有一船红色的颜料倾翻在这里？再不就是大自然老人开玩笑。

不，都不是的，眼前的景象是真实的。此时此地的大海，千真万确是红的。

大自然老人不会开玩笑。请问，这是什么原因？

说来也很简单。原来在这个热带海洋上，海水里的红藻会发生季

小知识

红海是板块分裂形成的，由于一些海区红色海藻繁殖，加上别的原因，海水有些发红。

节性的大量繁殖，使整个海水变成一片红褐色。有时连天空、海岸，都映得红艳艳的，给人们的印象太深刻了，所以人们才把它叫作红海。此外，水下一丛丛红珊瑚，沿岸光秃秃的红色崖壁，时常蒙罩在天空中的沙尘暴，更让这里显得是一派红色的天地。

红海其实是印度洋的一个附属海。它活像一条张着大嘴巴的鳄鱼，从西北向东南，斜躺在非洲大陆和阿拉伯半岛之间。这条鳄鱼的嘴巴是曼德

埃及洪加达红海之滨。（刘坚／
FOTOE）

海峡，和外面的亚丁湾相通。尾巴分了两个岔，形成两个小小的海湾。西边一个是苏伊士湾，通过后来开通的苏伊士运河，穿过苏伊士地峡和地中海相连；东边一个是亚喀巴湾。二者之间就是有名的西奈半岛。

噢，原来红海是一个狭窄的水胡同呀，在苏伊士运河被挖开以前，是一条不折不扣的死胡同。古时候只有一些小小的渔船和帆船来往，显得非常寂寞。苏伊士运河开通以后，它一下子成为地中海和印度洋的重要通道，西方和东方联系不可缺少的纽带，身价上涨了千万倍。

红海这个水胡同全长大约2000千米，最宽的地方有306千米，面积大约45万平方千米。值得注意的是，它还在悄悄向两边扩大呢。

话说到这里，就得讲一下它形成的原因了。原来它是纵贯西亚和非洲的一个巨大裂谷的一部分。大约在2000万年前，阿拉伯半岛和非洲分开，这才诞生了红海。地质学家报告，大裂谷两边的板块还在继续分裂，红海平均每年以2.2厘米的速度向外扩张加宽。在遥远的未来，这儿将会是一个新的大洋。

红海、热海、咸海

红海是世界上最热的海。

这话对吗？翻开地图看，滚烫的赤道并不经过红海。红海最南端曼德海峡的出口，距离赤道还有老鼻子远，纬度相差十多度呢。赤道穿过了太平洋、印度洋、大西洋，那些地方都很热，凭什么说不在赤道上的红海最热？

喔，话不能这样说。热不热，得凭实测的海水温度说话。地球海洋表面的年平均水温是 17℃，红海是 22℃。即使在 200 米以下的深层，大约也有 21℃。8 月盛夏的表面水温可以达到 27℃到 32℃。值得注意的是，它的水底深海盆中，水温竟高达 60℃。这样热的海水，难道还不算最热吗？

为什么红海这样热？和气候分不开，也和海底地质情况分不开。狭窄的红海紧紧夹在阿拉伯半岛和非洲大陆中间，两边都是干旱的大沙漠和荒原，整个地区的气候状况，不可能不对中间这条狭窄的缝隙产生影响。

是啊，这里受副热带高压和东北信风的控制，生成了热带沙漠气候。蒸发大，降水少，终年高温，好像一个热气腾腾的大蒸笼。夹在缝隙里的这个水胡同，怎么不热呢？

为什么红海的海底特别热？和特殊的地质构造有关系。

因为这里的海底扩张，海底地壳有裂缝。地下岩浆沿裂缝源源不断往上涌，好像咕噜噜燃烧的火锅，

小知识

副热带高压 气象学名词，是指位于副热带地区的暖性高压系统。在南北半球的副热带地区，经常维持着沿纬圈分布的不连续的高压带，这就是副热带高压带，由于海陆的影响，常断裂成若干个高压单体，这些单体统称为副热带高压。

约旦滨海城市亚喀巴，红海受东西两侧热带沙漠夹峙，空气闷热，尘埃弥漫，降水量少，蒸发量很高，是世界上水温和含盐量最高的海域之一。8月表层水温平均27℃至32℃。（张奋泉/FOTOE）

把海底岩石加热了，海水当然也就特别热啰。

红海是世界上最咸的海。这话也对吗？当然是对的。说起来，这也和气候、地质构造，以及这条封闭的水胡同本身有关系。

前面已经说过了，这里蒸发强烈，降水稀少，加上地形封闭，海水不容易和外界流通，沿岸又没有大河流进来，冲淡咸海水，这里的海水盐度自然就很高。此外，海底还有岩浆涌出来，带来了大量盐分。世界大洋的平均盐度是35‰，红海的盐度却达到42‰。要说红海不是世界上最咸的海，那才奇怪了。

红海真"干旱"啊！每年的降雨量只有0.03毫米。不断强烈蒸发，又没有河水补给，使海面不断降低。多亏它的南边还有一个缺口，印度洋的海水可以通过曼德海峡源源不断补充进来，使它的表面海水从南向北流。由于它的盐度很大，比重大的底部海水又通过曼德海峡流进印度洋，形成一个奇特的上下海水循环。

1947年，瑞典的"信天翁"号调查船在红海考察，发现海底裂谷有好几个热源。由于裂谷不断扩张，地幔的熔岩溢流出来，不仅加热了海水，还带来大量矿物质，形成了特殊的热液矿床。海底有含有铁、锰、铅、锌、铜、银、金的软泥，海水也含有多种金属矿物成分。想不到红海的海水本身就是一种特殊的"液体矿床"呢。

欢乐的尼罗河泛滥节

尼罗河上游有六道高大的瀑布，挡住了通往河源的去路。尼罗河神哈比，就住在第一道瀑布附近的一个小小的河心岛上。他的身子非常肥胖，一身水手和渔夫的装束，腰上扎一根带子，约束住肥大的肚皮。脑袋上戴着水生植物编织的王冠，显得非常和蔼可亲。在上埃及地区的图像里，他戴的是荷花王冠；在下埃及地方的图像里，他戴的是纸草王冠。不管是上埃及还是下埃及的人们，都很尊敬他。

传说他每年夏天都要举起水缸，向天上和人间倾倒女神伊兹斯的泪水。伊兹斯失去了丈夫，心里非常悲伤，流不完的眼泪使尼罗河的水位增高。水位高低，决定了一年的收成，对人间非常重要。

哈比的身边，还有两个长得像孪生姊妹的女神，代表广阔的两岸土地，举起双手乞求他恩赐河水，带给两岸甘甜的河水和肥沃的泥土。

这个神话说明了什么？得从尼罗河本身说起。

尼罗河，埃及的母亲河。尼罗河全长 6671 千米，是世界第一长河。它的平均年流量大约 840 亿立方米，也位居世界前列。

地名资料库

尼罗河 这个名字来源于希腊文，可能是古代腓尼基语"谷地"或"河谷"的意思，后来引申为"河流"。古埃及人叫它"哈比"，直截了当就是"河流"的意思；有时候在它的名字前面加一个"奥尔"，这是"黑色"之意，指河流泛滥沉积物的颜色。

尼罗河发源于南方很远很远的地方，从南方高原上奔腾而下，首先流进上埃及峡谷，再一直往北穿过下埃及平原，最后流进北方的地中海，贯穿了整个国家。

埃及坐落在干旱的副

收获的季节，埃及底比斯卡伊姆怀斯墓穴壁画。右上开始：葡萄从葡萄架上摘下，计算产量，踩葡萄，祭司向神敬献葡萄酒，酒被封存在"迦南人的酒罐"中尽兴发酵，葡萄酒经尼罗河被船运走。（文化传播 /FOTOE）

热带高压带，境内非常干旱，几乎没有别的河流，散布着大面积的沙漠，只有尼罗河带来珍贵的河水。每年夏天河水泛滥的时候，不仅浸漫了两岸广阔地区，解除了热得冒烟的土地的焦渴，还冲带来肥沃的淤泥，使这里变成丰盛的粮仓，绽放出世界上最早的文明花朵。

细腻的淤泥还有一个重要作用：铺盖了松散的沙土，可以阻止沙漠蔓延，是抵抗沙漠前进的最好的法宝。

明白了这个情况，就知道埃及人民多么崇敬尼罗河，多么盼望它多多赏赐活命的河水了。这个故事里，站在哈比大神两边、乞求他恩赐河水的两个女神，就充分体现了埃及人民盼望尼罗河水的急迫心情。

在别的地方，河水泛滥是可怕的灾害，人们总是千方百计防备洪水，尽量避免洪水泛滥成灾。有趣的是，这儿却是完全不同的景象。每年 6 月 17 日或 18 日，瞧见尼罗河水开始变绿，预示河水就要上涨的时候，埃及人都要抬着哈比大神的木雕像，兴高采烈地载歌载舞，举行一次"落泪夜"的狂欢庆典。河水溢出河岸的晚上，人们还要举起火把，在河上泛舟庆祝，这可是别的地方绝对看不见的景象啊。

青尼罗河、白尼罗河

尼罗河的源头到底在哪里？这在古时候是一个谜。从前人们沿着尼罗河向上游前进，被六道高耸的瀑布峭壁挡住，再也不能往前走一步了，根本就不知道这条大河发源于哪里。有人说,尼罗河这个名字的含意就是"不可能"，包含了不可能知道源头的意思。

尼罗河源真的不可能探查清楚吗？

不，只要绕过这一连串大瀑布，登上背后的高原，就能继续沿着河流追索，查明它的来源了。

1613 年，葡萄牙探险家帕伊斯到埃塞俄比亚高原西北部的塔纳湖考察，发现有一条名叫阿拜伊的大河从这个湖里流出去，绕了一个大弯，最后从苏丹境内的尼罗河第六瀑布笔直泻落下去，连接着下面的尼罗河。

阿拜伊河这个名字非常陌生。请问，它是什么河？

这就是后来人们所说的青尼罗河呀。它源于埃塞俄比亚高原戈贾姆高地。尼罗河接上了它，就有自己的源头了。

尼罗河的源头仅仅是青尼罗河吗？

不，人们在苏丹的喀土穆瞧见一个稀奇景象。青尼罗河和另一条白色的河汇合在一起，青、白两种颜色的河水平行排列向前流动，在河床里延伸了很远，形成一种奇观。人们都知道，青色的河水来自青尼罗河，白色的河水来自哪儿呢？

那就是白尼罗河。现在需要人们去完成的，只是探查白尼罗河的源头了。

1856 年，英国探险家斯

小知识

青、白尼罗河都是尼罗河的上源。由于流经不同的地理环境，含有的成分不同，所以水色不一样。

苏丹，青、白尼罗河交汇处。（吴雄杰/FOTOE）

比克和格兰特深入非洲腹地，来到巨大的维多利亚湖边，发现它直通下游的白尼罗河。这里比青尼罗河的源头更远。从那一天开始，人们就以为维多利亚湖是尼罗河最远的源头。

事情就这样结束了吗？

不，后来人们又发现维多利亚湖的上游，还有一条卡盖拉河。它发源于布隆迪西南部，整整有 400 千米长，这才是尼罗河最远的源头。

分析尼罗河水的来源，在不同的季节不一样。总的来说，大约有 60% 来自青尼罗河，32% 来自白尼罗河，剩下的不到 8%，来自另一条河阿特巴拉河。青尼罗河和白尼罗河是它的主要来源。在 6 月到 10 月的洪水期，尼罗河的水源，青尼罗河占 68%，阿特巴拉河占 22%，白尼罗河只占 10%。可是在枯水期，青尼罗河和白尼罗河供给整个尼罗河的水量就倒过来了。白尼罗河的水量远远大于青尼罗河，所占水量上升到 83%，青尼罗河只占 17%，阿特巴拉河几乎完全断流了。为什么不同季节的河水来源有这么大的变化？因为不同上源经过的地区不一样，雨量的季节分配有差别。

为什么青、白尼罗河的水色不一样？这和它们流经的地理环境不同有关系。青尼罗河在山区流动，河水非常湍急，沿途溶解了大量含硫物质，使河水带点青蓝色，所以叫作这个名字。白尼罗河流经的地段有许多湖泊沼泽，流速十分缓慢，沿途杂质不断沉积，河水变得清澈透明，呈现出灰白色，所以叫作白尼罗河。

尼罗河瀑布群

俗话说：山不转，水转。有名的尼罗河也是一样的。

尼罗河在埃塞俄比亚高原上从南向北流，流到苏丹的喀土穆和埃及的阿斯旺中间，忽然转了一个 S 形的大弯，十分引人注目。

它流得好好的，为什么连转几个弯？因为这儿是峻峭的山区呀。一道道山墙横挡着路，它只好老老实实在山里转来转去了。

尼罗河在这里气势不凡，不仅不断转弯，还流过了几道陡坎。河水哗啦啦翻滚下去，生成了六道水墙似的巨大瀑布。第一瀑布在阿斯旺附近，往上依次排列，最后的第六瀑布位于喀土穆北边不远的地方。

这六道瀑布像六道高墙，阻碍了南北交通，挡住了古代埃及人向南发展的脚步。他们想深入南方腹地，得到香料、象牙、黄金和乌木，就必须克服困难，穿过一道道瀑布。

公元前 1842 年至公元前 1797 年间，古埃及中王国时期的第十二王朝，塞索斯特里斯三世在位的时候，为了征服南方的努比亚人，曾经开凿了一条绕过第一瀑布的运河，又在第二瀑布上游修建军事堡垒，并亲自带兵远征到尼罗河第三瀑布地区，留下了他的金字塔作为证明。

这六道瀑布高低不一。埃及境内的第一瀑布非常壮观，有名的阿斯旺大坝就修建在这里。

这些瀑布之间并不完全都是山。第三瀑布和第四瀑布之间的栋古拉地区，就是一片肥美的农业地带。从前努比亚人的库施王国中心就在这个地方。第五瀑布

小知识

尼罗河上游六道巨大瀑布分布在岩层坚硬的高原边缘，河流沿着一系列陡坎流动，形成了阶梯状的瀑布群。

四大文明古国之一埃及的尼罗河风景。（刘建华/FOTOE）

和第六瀑布之间是宽阔的尚迪平原，是后来的麦罗埃王国所在的地方。

　　为什么尼罗河上游有这六道大瀑布？有地形的原因，也有岩石的原因。

　　原来这里是"非洲屋脊"埃塞俄比亚高原的边缘，尼罗河从高原流到下游平原，顺着一道道陡坎往下流，就形成一连串的大瀑布。

　　喀土穆附近的第六瀑布以上，是一片比较松软的沉积岩分布地区，以砂岩为主，接着往下就出露一大片坚硬的结晶岩，河床基岩软硬相间。松软岩层地段，河床非常宽展；坚硬岩层地段，河谷狭窄，露出许多陡坎。这也是著名的六大瀑布群形成的一个原因。

芦苇船传奇

1969 年 5 月 25 日，一只用芦苇捆扎的小船静悄悄离开北非摩洛哥的塞布港。

船上五个乘员分属不同国家。除了这几个人，还有一只活蹦乱跳的猴子、一只鸡、一只鸭，活像一只翻版的"诺亚方舟"。

这只怪模怪样的小船一声不响驶出港，从港内无数现代化的巨大客轮、货船旁边驶过，显得很不相称。人们都好奇地注视着它，不知道它要驶到什么地方去。

这事得向带队的船长打听。芦苇船虽然很小，也有一位指挥行动的船长呀。

要说这只芦苇船的船长，可不是无名之辈。他就是鼎鼎大名的挪威探险家和考古学家沙尔·海雅达尔。

为了探索太平洋上的土阿莫图群岛的民族起源，他曾经在 1947 年 4 月带领五个伙伴和一只鹦鹉，乘坐一只古印加式的木筏从秘鲁出发，耗费了 301 天，漂流 8000 千米，胜利到达目的地。他用仿古航海行动证实了自己的推测，土阿莫图群岛的居民是从遥远的南美大陆漂流去的，一下子轰动了整个世界。

这一次，他一本正经地宣布："我们准备到新大陆去，证实哥伦布以前，早就有人从这里到达了那里。"

这只芦苇船被取名为"拉"号。这是埃及太阳神的名字。古埃及和古印第安人都信奉太阳教，太阳神拉的名字本身就意味着两个民族之间具有神秘的联系。

啊呀，这可是一件石破天惊的大事情呀，怎么不叫人关心。可是人们还有些不明白，要证明这件事，完全可以使用别的方法，为什么非得冒险亲自去尝试呢？

海雅达尔说："问题的关键在于古代埃及人是不是可以使用这种原始的芦苇船漂洋过海，横渡大西洋。不用同样的方式进行模拟实验，别人怎么会相信？"

瞧他满不在乎的样子，人们简直不相信自己的耳朵了。瞧着这只

古埃及的芦苇船是用一种特殊的纸草捆扎的。纸草和一般的芦苇相似，生长在尼罗河三角洲。它的茎不是圆的，而是三角形，大约有五六米高，接近根部的地方直径粗一些。聪明的埃及人用它制造纸张，比我国东汉时期蔡伦改良造纸术还早一千多年，留下了珍贵的文献，所以叫作纸草，又叫莎草纸。由于纸草不能折叠为书本，只能把它粘成长条，卷起来成为特殊的卷轴。

埃及两边靠着地中海和红海，还有一条尼罗河，用什么东西做船航行呢？由于当地缺乏树木，却有大量纸草，人们就把它捆扎起来造船，所以这种芦苇船又叫纸草船。

小小的芦苇船，活像一大捆乱草，怎么可能漂过波涛汹涌的大西洋？这岂不是拿自己的生命开玩笑吗？

这一次，海雅达尔果真遇着滔天巨浪袭击，芦苇船不幸在半途沉没，海雅达尔和伙伴们好不容易被紧紧跟随的保护船救起来，才幸免于难。

海雅达尔不理睬别人的怀疑，没有放弃这个计划。

1970年5月17日，他造了第二艘"拉"号芦苇船，再一次出海驶往新大陆。

57天后，他终于抵达加勒比海上的一个小岛，证实了古埃及人使用这种船只，早于哥伦布到达新大陆不是不可以想象的。

希伯来人逃亡的"水巷子"

《圣经·出埃及记》里,有一段神奇得几乎难以相信的故事。

据说,从前希伯来人在埃及做了430年的苦工,受尽了压迫,实在忍受不了,请求埃及法老准许他们回家乡。法老不答应,他们只好祈祷上帝请求帮助。上帝生气了,降下了十大灾难警告法老。法老只好答应,允许希伯来人回乡。

在上帝的安排下,摩西带领希伯来人,白天以"一柱云彩",晚上以"一柱火光"为指引,日夜不停地逃跑,只盼早些逃出埃及就好。法老得知希伯来人已经逃走,一下子反悔了,立刻派兵紧紧追赶,要把他们全部抓回去,给以严厉惩罚。

拖儿带女的一大群希伯来人,虽然心里很急,却走得很慢,怎么跑得过埃及精兵?当他们逃到海边的时候,眼看就要被追兵赶上了,不知道怎么办才好。

说时迟,那时快,就在这危急时刻,上帝忽然把海水分开,露出一条狭窄的水巷子,让摩西带领着希伯来人平安通过。追兵赶上来的时候,两边的海水突然合拢,把所有的追兵统统淹死,不留一个人。

《圣经》上的这个故事是真的还是假的?有人信,有人不信,谁也说服不了谁。不管有这么一回事,还是没有这回事,都得拿出更多的证据,说出道理

小知识

巨大的海上地震可以引起海啸。发生海啸的时候,海水常常后退,接着再猛扑上来。

《分开红海》，19世纪版画，司科特·斯梅瑞尔绘。描绘摩西高举着杖分开红海，带领以色列人前行的情景。（司科特·斯梅瑞尔／FOTOE）

才能使人信服。

真的没有一丁点儿证据吗？也不是的。一块古老的象形文字石碑上，有这么一段值得注意的记载。据说，公元前15世纪，古埃及新王国时期，第十八王朝女法老哈西普索威在位的时候，有一支外来移民得到法老的允许离开。想不到他们离开的时候，"大地吞没了他们的足迹"。

远古时期的传说总是扑朔迷离的。这个石碑上记述的这件事，是不是摩西带领希伯来人逃跑的事情呢？

一个证据是孤证，必须还有其他证据支持才行。

历史学家出来说话了。那时候正好遇着地中海上的桑托林岛火山爆发，巨大的爆炸影响了整个东地中海，埃及也在影响范围内，这次爆炸是不是这里"十大灾难"的诱因？古代记录不多，也有可能与这次巨大的火山爆发同时，埃及一带也有同样的火山、地震活动。

瞧吧，希伯来人白天看见的"一柱云彩"、晚上看见的"一柱火光"，岂不很像火山爆发的烟柱和火焰吗？

当他们来到海边的时候，海水突然后退，水底露出了一条路，接着很快又合拢了，就很像海啸发生的情景。猛烈的火山爆发，可以引起地震和海啸，这是普通的常识。我们通过2004年12月26日印度洋大海啸波及附近好几个国家的例子，就能理解这种特大灾难的影响有多大了。

非洲的屋脊

埃塞俄比亚高原，非洲的"屋脊"。

埃塞俄比亚高原的平面形态像一个菱形，四周陡崖环绕，平均海拔超过 2500 米，面积大约 80 万平方千米。高原面上散布着许多海拔 4000 米的火山山峰。最高峰达尚峰海拔 4620 米，位于断裂开的西部断块上，十分雄伟壮丽。

它虽然没有亚洲"屋脊"青藏高原那样高大巍峨，没有引人注目的世界最高峰，它也不像美洲的"屋脊"安第斯山脉、欧洲的"屋脊"阿尔卑斯山脉那样，延伸得很长很长，形成一道高耸的山墙，可是它也有自己的特点，值得好好讲一讲。

它不像安第斯山脉、阿尔卑斯山脉那样耸起一条线，而是像青藏高原那样耸起一大片，却又不像青藏高原那样有许多冰峰和雪山，岂不是它自己独有的特点吗？

它没有数不清的山峰闪烁着冰雪的银光，没有盖满全身的绿色森林袍子，用不着以这些周身闪光的方式来夸耀自己。和世界上别的"屋脊"不同，它的高原面上散布着许多死的、活的火山，这就是别处没有的一个特点。

它不像别的大洲的"屋脊"那样完整，好像切西瓜似的从中间断裂开，敞露出一道宽阔的大裂谷。这又是一个独特的地方。

东非大裂谷东支的北段，从中间纵向

地名资料库

埃塞俄比亚 意思是"晒黑的面孔"。

小知识

埃塞俄比亚高原是非洲的"屋脊"，不仅隔开了周围不同的地区，还影响了周围的气候。

切开，生成一条东北—西南走向的大裂谷，有40到60千米宽，1000到2000米深。谷底散布着一系列湖盆，是著名的湖区，许多河流发源的地方。

埃塞俄比亚高原风光。（视觉中国供稿）

它的表面覆盖着厚厚的玄武岩，如坚实的铠甲般保护它，最厚的地方有2000米，使它不受风化剥蚀、岁月消磨，始终保持着自己独特的面貌。

它连接着南边的东非高原，却比东非高原高出一个脑袋，是非洲各个高原中的老大。

它俯瞰着北边的埃及平原，送去长流不息的尼罗河，是古埃及的坚强后盾。

它隔开了西边的撒哈拉大沙漠、东边的红海之滨，使它们各自成为独立的地理单元。

它的气候以干、湿季明显，垂直变化大为特点。夏天是湿季。迎着西南季风的西坡湿润，背向西南季风的东坡干旱。海拔1800米以下的低地和河谷里非常湿热，是热带草原气候。1800至2400米的高原上，气候温和凉爽，非常适宜农耕，全国大部分的耕地和居民都集中在这儿。这里农业种植历史悠久，是世界农作物起源中心之一，咖啡的原产地。

一口气说了这许多，你可明白了它？

它是朴实无华的，是实实在在的。不追求特别高、特别光彩，却是不可否定的非洲大陆的"屋脊"。

"醉花"的魔力

　　有个记者偕同一伙自称"专家"的家伙来到埃塞俄比亚，行经一片荒凉的山野。大家一个个谦恭犹如君子，都笑眯眯伸出手，礼让别人走在前面。记者在旁细细一看，"专家"们虽然人人衣冠整齐，打扮得像出席鸡尾酒会似的，却都脚蹬一双跑鞋，做出随时拔腿就跑的准备。如此上下装束极不般配，大概是唯恐遇着狮子，不愿打头阵的意思吧？

　　这群人中有一个"胖大师"，他不像别人一样露骨表现，却忽然做出气喘吁吁的样子，步履蹒跚，远远落在后面。他本来就是一个胖子，这样也不奇怪。大家小心翼翼往前走，只顾注意前方有无动静，渐渐忘记了

他。这样走了一阵，有人忽然想起了这位"胖大师"。众人回头一看，原野上一派空荡荡，哪有半个人影。

　　咦，这就奇怪了。难道他迷了路？被狮子偷袭，撕得七零八碎消化了？大家不由得担心，聚集一起商量一阵，决定原路返回寻找。众

非洲草原上的母狮。（董建民/FOTOE）

人心惊胆战挤成一团，各自手提一根粗细不一的木棍，慢慢往回走去，仔细寻找"胖大师"的踪迹。一路上谁也不敢大声呼喊，生怕引来嗜血的狮子。大家心里忐忑不安，不知看见的是他的破碎遗骸，还是完整的他。

小知识

"醉人草"和"醉花"，能够分泌出特殊的香气使人醉倒。

大家走了不远，忽然看见了他，简直不相信自己的眼睛了。只见"胖大师"竟好好的，一动不动地躺在一丛花草地上。不知他是由于疲倦而睡觉，还是心脏病发作。醉卧花丛中，何其潇洒。众人呼唤几声，他毫无动静，大家这才觉得有些不妙。记者连忙伸出手指试一试他的鼻息，生命体征完好，原来是昏迷了。大家七手八脚抢救，有的掐人中，有的灌凉水，他才慢悠悠苏醒过来。

"胖大师"是怎么晕倒的？据他说，他走到这里坐下来休息，闻着一股特殊的香气，就不知不觉变得迷迷糊糊的，晕倒在地上了。

"胖大师"正说着，有个"专家"随手在路边采了一朵花，放在鼻子面前闻一下，也觉得有些不对劲，一阵天旋地转，侧身倒了下去。大家手忙脚乱转身去扶起他，却都闻到一种古怪的香气，只觉得脑袋昏昏沉沉，也有些站不住脚跟了。

这是怎么一回事？

有"教授"说："莫不是一种迷幻药吧？"

有"研究员"道："这朵花可能含有毒品元素。"

已经苏醒过来的"胖大师"自己解释说："可能阴阳不顺，中了一股邪气。"

到底是怎么一回事，谁也说不清楚。

原来，路边这种花是埃塞俄比亚的一种罕见的木菊花，又叫作"醉人草"，还有一种"醉花"，都能分泌出特殊的香味，使人面红耳赤，身体发热，心跳加速，好像喝醉了酒似的昏沉晕倒，多闻一会儿，会变得烂醉如泥，别想支起身子站立，更不能迈开步子走路了。

"非洲之角" 印象

啊呀，非洲翘着一只三角形的尖尖角，朝东北方向楔入印度洋和亚丁湾之间，活像一只犀牛的犄角。

这真是一只大犀牛吗？

当然不是的。世界上哪有这么大的犀牛。这就是号称"非洲之角"的索马里呀。索马里高原紧紧连接着埃塞俄比亚高原。二者在地形上大致连续成一片，可是自然景观还有一些差别。辽阔的埃塞俄比亚高原上，有许多断陷盆地和谷地，散布着一座座火山，地形结构比较复杂。索马里高原面积小一些，地形也相对完整些。这里地表露出的岩石主要是砂岩和其他沉积岩，不是火山熔岩。这些沉积岩盖子下面，才是坚硬的岩浆岩和变质岩。

地名资料库

索马里 意思是"奶牛"或"山羊奶"，也有人认为是"黑色的"或"黑人"之意。

小知识

索马里是"非洲之角"。境内以干旱高原为主，沙漠面积大，骆驼非常多。海边有一些绿洲，出产的香料很有名气。

人们把伸进大海里的陆地叫作半岛。可是索马里高原的基部伸展得很宽，和一般的半岛大不一样，得给它另外一个名称才好。人们想来想去，想不出合适的名字，干脆把它叫作地角。虽然这不是地质科学的专业名词，却也十分符合这儿的特点。

索马里这个巨大的地角两边面临大海，海岸线当然很长很长，到处都可以靠岸。这里距离亚洲很近，还扼住了红海的出口，是亚、非、欧三大洲航线的重要枢纽，古往今来不知有多少船只经过，也不知道有多少远方来客到这里拜访。索马里，可以说是大陆国家，也可以算不折不扣的海洋国度。

请问，从海上看"非洲之角"索马里海岸，是什么模样？

索马里海岸的基本色调是土黄色，只点缀着少数绿色的棕榈树。因为这里气候干旱，草木不多，显露出一派大地的本色。

索马里海岸风光。（视觉中国供稿）

这里有大面积的热带沙漠，仅西南部才有一大片热带草原。这里气候干旱，整年高温少雨，所以河流很少，缺水是一个大问题。在这样的自然环境里，骆驼特别多，一点也不奇怪。

索马里海岸又低又平。印度洋这边的海岸，背后常常有一级级逐渐升高的台地，衬托着远远的崖壁，给人很深的印象。

走上海岸，登上一级又一级台地，一直走到远处那道崖壁跟前，这才看清楚，原来这是一个宏伟的高原的边缘，上面一片广阔的高原。整个地形微微从北向南倾斜，朝向印度洋的一面，生成了那几级平坦的台地。地形一直降低，直至狭窄的海滨平原。

在索马里高原上还看见了什么？

静的是土黄色的大地，动的是一群群骆驼。想不到索马里的骆驼这么多，真不愧是有名的"骆驼之国"。

信不信由你，自古以来这里的香料特别多。古时候它的海边有一个蓬特国，就是出产香料的地方。古埃及在红海上专门开辟了一条"香料之路"，到这里来给尊贵的法老买香料呢。

瞧，一个驼峰的骆驼

叮当叮当，骆驼货队来了。

叮当叮当，这一队骆驼越走越近了。

骆驼脖子下面挂着铜铃，叮当叮当响，它们踩着松软的沙地一步步慢慢走，走到了我们跟前。

抬头一看，觉得有些奇怪。咦，这些骆驼和我们看惯了的骆驼不一样。怎么背上只有一个驼峰，而不是两个？是不是开刀切掉了一个？再不就是被狮子咬掉了。

不是的，非洲骆驼本来就是这个样子，是单峰骆驼，不是我们见惯的亚洲双峰骆驼。

哇，单峰骆驼多么稀罕，给它拍一张照片留作纪念吧。

那可不成！这里是索马里。要给它拍照片，最好先和它的主人商量一下。

咦，这是怎么一回事？我爱这些单峰骆驼，给它拍一张照片有什么不可以？骆驼不是大姑娘，给它拍照片也得先征求同意吗？

唉，不管到什么地方，都得要入境从俗。索马里是一个以畜牧业为主的国家，这里的骆驼最多，骆驼在人们生活中占有十分重要的地位。有人说，索马里是骆驼背上的国家，一点也不错。人们喜欢骆驼，也尊重这个不会说话的朋友。哪怕在平日谈话时，也绝不允许有任何亵渎骆驼的话语。如果要给它拍照片，得弄清楚是善意还是恶意，可不要随便对它采取任何行动。

啊，这是多么良好的习惯呀！对待帮助我们的动物，也应该像对待朋友一样。索马里人做了一个好榜样，值得大家学习和尊敬。

木版画《下埃及和上埃及》插图，法国作家维旺·德农著，1802年出版。描绘了法国拿破仑将军远征时期的埃及景象。图中绘有单峰骆驼。（文化传播/FOTOE）

　　非洲单峰骆驼和亚洲双峰骆驼是"堂兄弟"。关于骆驼一家，顺便告诉你一个秘密。你可知道除了非洲和亚洲，从前还有什么地方有骆驼吗？

　　翻开骆驼的家谱看，想不到它的老家居然在美洲，古生物学家在那里发现了现代骆驼远祖的化石。恐龙绝灭后不久，进入新生代第三纪的时候，新大陆就出现了最早的骆驼。信不信由你，最早的骆驼有两种：一种是矮小的小古驼。身高1米左右，动作非常灵活，能够像羚羊一样飞快奔跑；还有一种活像长颈鹿的长脖子高骆驼，伸长了脖子专门吃树叶。由于当时食物很丰富，根本用不着在背上长出累赘的驼峰，用来储存维持生命的脂肪，为缺乏食物的情况做准备。古骆驼就这样无忧无虑地在新大陆的老家过了几千万年的舒适生活。

　　第三纪末期，北美大陆气候变冷了，森林面积不断缩小，出现了成片的干旱草原。古骆驼过不惯这种艰苦的日子，就成群结队经过白令陆桥进入旧大陆。

　　唉，它们做梦也没有想到，这里更加干旱。可是第四纪冰期开始了，想再回新大陆老家也不可能了，只好在这里委屈过日子。为了适应新的艰苦环境，它们的背上逐渐长出了驼峰。非洲单峰骆驼和亚洲双峰骆驼不一样，也是不同环境的影响造成的。

"沸腾的蒸锅"，非洲最低的地方

非洲最低的地方在哪儿？在阿萨勒湖。

阿萨勒湖在哪儿？在吉布提。

说起这个阿萨勒湖和吉布提，有一些有趣的事情可讲呢。

先说吉布提吧。它正好位于红海的出口曼德海峡旁边，面对着印度洋伸进来的亚丁湾，地理位置非常重要。

吉布提这个名字是怎么来的？传说从前欧洲人来到这里，遇见一个老汉正在用锅做饭，向他打听这是什么地方。老汉误以为问他这是什么，就回答："布提。"

"布提"是什么意思？就是"锅"呀。

这几个欧洲人没听清，又问一遍。老汉大声说："吉布提。"就是"沸腾的蒸锅"之意。问路的欧洲人以为这就是当地的地名，吉布提这个名字就一直流传下去了。

这个故事是真的吗？

不管是不是真的，吉布提这个名字倒有一些真实的含意。"沸腾的蒸锅"进一步引申出"炙热的海滨"，就是这儿的真实写照了。这里气候酷热，全年平均温度达到30℃，最高达到46℃。不是"沸腾的蒸锅"，还会是什么呢？

这里这么热，多下几场雨也好。可是这里的雨水太少，年平

小知识

吉布提很热很干旱，阿萨勒湖处在一个海边的洼地里，周围有火山，是一个盐湖。

2006 年 7 月 15 日，非洲吉布提，美国海军海上补给指挥部的"土星"号军舰靠港加油。（U.S. Navy photo/FOTOE）

均降水量在 150 毫米以下，是一个又热又干旱的地方。没有雨，蒸发又特别强烈，所以当地几乎没有一条河，只有很少一些季节性的小溪流，点缀着寂寞单调的景色。

为什么这里这么热？因为这里本来就在热带，埃塞俄比亚高原又挡住了西南季风和东南季风，所以降水量极少，当然就很热很干旱啰。

说完了吉布提，再回过头来讲阿萨勒湖吧。

阿萨勒湖低于海面 153 米，是非洲的最低点。

为什么这里的地势这么低？因为它本身就是大裂谷里陷落最深的地方。

阿萨勒湖南北长 16 千米，东西宽 6.5 千米，面积也有 100 多平方千米。这是一个名副其实的盐湖，每升湖水含盐量达到 330 克，是吉布提共和国最重要的资源。

有趣的是这个湖紧紧挨靠着海边，湖水也是海水经过一道狭窄的沙质地段渗透过来的。既然湖水由海水渗透而来，加上强烈蒸发，所以这是一个盐湖。

更加有趣的是，阿萨勒湖四周被火山和沙漠环绕，有许多喷气孔和热泉。盐湖、火山、沙漠聚集在一起，外加蒸笼一样的天气，走遍世界也难以找到这样罕见的奇观，于是这里被科学家称为"大自然的奇迹"。

利比亚玻璃陨石之谜

在几万年前的旧石器时代，北非广大地区和今天大不相同，非常适宜人类居住，所以产生了分布广泛的阿替林文化。考古学家在这个文化期的遗址里，发现了一些用玻璃陨石制成的工具，却不知道石料的来源。

1932年12月，一支埃及考古队伍终于在沙漠里发现了它的踪迹。科学家们大吃一惊，想不到竟是许多奇异的玻璃陨石，就是阿替林文化玻璃陨石工具的制造原料。仔细观察它的外表，很像玻璃质的黑曜石。它们的大小形状不一，有的表面凹凸不平，似乎是在形成过程中产生的伤痕。

这些东西到底是怎么一回事？人们议论纷纷，各有各的说法，一下子扯不清。

有人说，这是火山喷出的物质。表面的疤痕就是从熔融状态转为冷凝过程时生成的。

这个说法似乎有道理。可是北非压根儿就没有火山活动，只不过是空想，缺乏证据。

有人说，地上没有火山，就从天上找吧。这很可能是月球火山的喷出物质，通过某种途径撒

小知识

利比亚发现奇异的玻璃陨石，可能是类似"雷公墨"的东西。

落在地面上。

这个说法很新奇，却不能说清楚这些月球物质是怎么到地球上来的。"阿波罗"号飞船带回来的月球岩石样品里，也没有发现与其相同的成分。

还有人说，这是闪电冲击地面的产物，这是森林大火的结果，甚至有人异想天开，一本正经认为是外星人在这里燃烧熔炉，制造玻璃的副产品。这样的猜测只能写科幻小说，谁也不会当真。

利比亚玻璃陨石到底是怎么一回事，还是一个未解的谜。

针对这个问题，有关科学工作者提出一个接近真实的意见，认为这是火流星或彗星冲击地面，高温热浪中的产物。中国广东雷州半岛有名的"雷公墨"，也是这样生成的。看来北非利比亚的玻璃陨石并不是孤证。

利比亚沙漠风光。（视觉中国供稿）

巨人化身的山脉

阿特拉斯，阿特拉斯，这个名字多么响亮。

阿特拉斯是谁？原来是非洲西北部的一道山脉。阿特拉斯山脉位于非洲西北部，是一道东西横亘的山墙。它的结构非常复杂，可以分为北边沿海低矮的得尔阿特拉斯山，中间的主要脊梁大阿特拉斯山，南边伸进沙漠地区的撒哈拉阿特拉斯等几道山脊。

阿特拉斯山脉隔开了北非地中海沿岸和南边的撒哈拉大沙漠。正是由于它挡住了地中海吹来的湿润气团，才使山背后的撒哈拉地区得不到雨水，逐渐变成了大沙漠。

在人们的传说中，它并不是简简单单的石头山，而是一个失败的英雄的化身。

他是大名鼎鼎的盗火者普罗米修斯的兄弟，出身于提坦巨人家族，身材高大，力大无穷。那时候，提坦巨人家族反对宙斯大神，阿特拉斯也参与了行动。不幸失败后，阿特拉斯被宙斯大神命令站在西方天地相合的地方，用双肩扛着天空，不让天空落下来砸碎了大地，也不让大地冒起来顶破了天空。

这可是一个苦差事，没有力气可不行。阿特拉斯没有办法，只好留在这个荒凉的地方，一声不响地过日子。他自己开辟了一个果园，派女儿和一条巨龙守护，不让外人进来。

有一天，希腊英雄珀耳修斯杀死了蛇发女妖美杜莎后，顺路经过这个地方，想在果园里住一夜。阿特拉斯担心他偷自己的宝物，

小知识

阿特拉斯山脉挡住了海风，山前山后景观大不一样。山背后就是干燥无比的撒哈拉大沙漠。

美杜莎头像，托卡尼尼作品，意大利托比卡耐博物馆。（黄旭/FOTOE）

把他赶了出去，一下子惹恼了珀耳修斯。

珀耳修斯非常气愤，立刻从牛皮囊里拿出美杜莎的脑袋，对着他晃了一晃。要知道，女妖美杜莎有一种特殊的魔力。不管谁看她一眼，立刻就会变成石头。珀耳修斯不敢正面看美杜莎，而是趁她睡着了的时候，倒退着走过去，从青铜盾牌的反射影像里认出了她，一刀割下她的脑袋，装进牛皮口袋。阿特拉斯没提防，一眼看见了美杜莎的脑袋，立刻变成了一座大山。他的头变成了高耸入云的山峰，躯体和手脚变成了一条条山脊，胡须和头发变成了森林。

这座大山叫什么名字？就叫作阿特拉斯山脉。

阿特拉斯，一般人认为这个名字来源于前面说的这个希腊神话中顶天立地的同名巨神，可是另一些人反对这个说法，他们以为"阿特拉斯"其实就是当地柏柏尔人的语言中"山"的意思。在荒凉的大地上，简单一个"山"字，再明白也没有了。

撒哈拉的名片

人们都有名片，撒哈拉也有自己的名片。

撒哈拉的名片是黄色的、焦干的、发烫的，用手摸一摸，似乎还沾着许多粗糙的沙子，和一般的名片大不一样。

撒哈拉，世界上最大的一张黄色的面孔。

撒哈拉也和我们一样，是黄种人吗？

不是的，这是一个大沙漠的名字。

非洲好像一个变脸的巨人，有两张不同的面孔：一个黄色的，一个绿色的。撒哈拉就是那张黄面孔。

撒哈拉很大很大。

请你翻开地图看吧，几乎整个非洲北部都是一片单调的黄色，那就是撒哈拉了。

它西起大西洋海岸，东到红海之滨；北起地中海和阿特拉斯山脉，向南伸展到塞内加尔河和尼日尔河的河谷，经过乍得湖和苏丹，直抵红海边的一线。它大致跨越了北纬 35° 到北纬 14°，几乎覆盖了这两条纬度线之间非洲所有的地方，南北纵贯 1061 千米，东西横跨 5150 千米，总面积超过 900 万平方千米，几乎可以装下美国，也能装下俄罗斯之外的整个欧洲，是世界上当之无愧的沙漠大哥。

撒哈拉很热很热。

其全年平均气温超过 30℃，最热的几个月超过 50℃，甚至达到 70℃，不把人晒得晕倒才奇怪了。

撒哈拉白天这样热，晚上却很冷。

地名资料库

撒哈拉 意思是"褐色"，包含"大荒漠""不毛之地"之意。

岩画（局部）：史前时期，牧民在非洲撒哈拉沙漠放牧牛群的情景。（文化传播/FOTOE）

在冬天，甚至可以达到 0℃ 以下。一天之内的日夜温差有 15℃ 到 30℃。这样一冷一热，也够呛呀！

撒哈拉很干很干。

这里是全球雨水最少的地方，平均年降水量还不到 100 毫米。在最干燥的地方，年降水量少于 25 毫米。甚至有些年份一年也不下雨。在沙漠里，即使偶尔下雨，雨水也在落地之前，早就蒸发了，消失在空气里；就算真正落地，也是一丁点儿雨毛毛。

这里的雨水这么少，蒸发却非常强烈。一年的蒸发量达到好几千毫米，甚至超过了 6000 毫米。请你帮它细细算一笔账，下雨这样少，蒸发这样大，这儿会干燥成什么样子。

撒哈拉很荒凉很荒凉。

这儿一片流动的黄沙，几乎寸草不生。即使有一些植物，也是稀稀拉拉几丛难看的沙生灌木和野草。

啊，朋友，当你接着撒哈拉这张名片，心里有什么感想？

撒哈拉大沙漠一直就是这个样子吗？

也不是的。人们在沙漠深处发现了许多古老的石刻。最早的来自公元前 7000 年以前，画面上有河马、长颈鹿；到了公元前 4000 年前的画面上，有人们生活的放牧、舞蹈、祈祷活动；在公元前 1000 年左右的图画上，有战马和马车，附近还挖掘出了马的骨骼；直到公元 4 世纪左右，才出现了骆驼的画面。这些历史图画的变化还不清楚吗？撒哈拉原本是一片环境良好的乐土，只是到了公元 4 世纪，才逐渐变成大沙漠的。

撒哈拉沙漠的来历

大海能和沙漠联系在一起吗？一个孩子打破了脑袋也想不通。

是呀！海里有的是水，沙漠里一滴水也没有。这两种完全不同的自然环境，怎么可能联系在一起。

翻开地图看，撒哈拉大沙漠就是一个最好的例子。它的北边是地中海，西边是大西洋，东边是红海。它的三面都紧挨着大海，怎么可能是一片大沙漠？

他问别的同学，谁也说不清。

一个同学猜："是不是中间有大山隔着，海风吹不过去？"

他说："不对呀，撒哈拉大沙漠的许多地方，都紧紧靠着大海，中间根本就没有挡风墙。"

另外一个同学猜："撒哈拉是不是大高原，海风吹不上去？"

他说："撒哈拉的地势并不高。就算是很高的地方，也不可能高高挂在天上，比白云和风都高呀。"

第三个同学半开玩笑地猜："是不是这里离太阳近些。要不，这里就是太阳的老家，被烤成这个样子的。"

他哈哈笑了，回答说："这更加离谱了，简直像童话故事，谁也不会相信。"

噢，大家都猜错了。撒哈拉大沙漠到底是怎么生成的？谁能告诉他们呀。

撒哈拉大沙漠生成的原因，和特殊的自然环境有关系。

原来，这里位于北回归线两边，整年

小知识

撒哈拉大沙漠的形成，和特殊的地理位置和地形有关系。

埃及撒哈拉沙漠的白沙漠。（江程生 /CTPphoto/FOTOE）

都受副热带高气压带控制。这里盛行的是又干又热的下沉气流。这样的大气候环境条件下，地面当然又干又热，很少有一丁点儿水汽。

具体来说，这里整年吹刮的都是东北信风。只消打开地图看一看就清楚了。撒哈拉的东北边是哪儿？那是干燥的西亚。那里本来就很干燥，怎么可能吹送来足够的水汽呢？

虽然除了北边的阿特拉斯山脉，撒哈拉周围没有山。可是东边还高高耸起的埃塞俄比亚高原，对海洋来的湿润气流也有阻挡作用。这也是一个特殊的挡风墙呀。

它的西边虽然毫无地形障碍，直接挨靠着大西洋，可是那里有加那利寒流经过，对撒哈拉西部沿海地区有特殊的降温减湿作用，这也是沙漠生成的一个重要原因。

神秘的沙漠陷阱

第二次世界大战期间，一支美国运输车队穿过北非沙漠开往前方。有一辆汽车拐了一个弯，朝沙漠腹地奔去，驾驶员企图用速度和高超的驾驶技术，躲避敌机的追击。意料不到的事情发生了。汽车开到一片沙地上，再也没法往前开。转眼间车身像被什么东西吸引住了似的，一点一点往下沉，好像陷进了一片沼泽里。

咦，这是怎么一回事？开车的美国兵吃惊地伸出脑袋，察看车下面的情况。不看不知道，一看吓一跳。只见前后车轮无力地打着空转，却没有办法挣扎出来，离开这里一步。

沉重的车身使汽车迅速沉没下去，很快就看不见车轮的踪影了。紧接着，半截车厢和车门也陷进了沙里。黄色的流沙像水一样飞快漫上来，很快就要堵死车门，挡住他的视线了。危险已经迫在眉睫，不能再坐着不动了。吓坏了的美国兵连忙挣扎着身子，从车窗里爬了出来。

在他刚刚离开汽车的一刹那，整个汽车就像一块石头似的，沉进了面前的黄色流沙里，消失得无影无踪。他奋力往远处一跳，才侥幸逃脱。

这不是童话故事，而是真实的事情。原来，这是特殊的沙粒造成的。这里的沙子都是均匀的球状颗粒，非常容易滑动。只要上面承受一丁点儿重量，平衡就会被破坏，沙粒迅速朝四周滑开，使外来的重物沉陷下去。

流沙陷阱淹没东西比什么都快，落进了流沙陷阱，就会成为沙漠里的冤魂。

小知识

撒哈拉大沙漠里情况不是到处一样。如果圆溜溜的沙粒大小相等，就会造成沉陷，成为一个陷阱。在沙漠里走路，可要小心呀！

沙漠里的"长城"

　　这儿是埃及西部浩瀚的沙海。从这儿开始,往西就是撒哈拉大沙漠了。沙海里望不尽的滚滚黄沙,地面绵延起伏,排列着数不清的沙丘。

　　人们都说沙漠是最单调乏味的地方,没有一丁点儿情趣,更甭指望有什么新奇的发现了。

　　这话对吗? 说对,也对;说不对,也不对。不管怎么说,我和一个伙伴就在这里瞧见了一个奇观。

　　这是一道沙垄。

　　请大家特别注意。我在这里说的是"一道"沙垄,而不是"一座"沙丘。这可不是我故意玩弄文字游戏。"沙垄"和"沙丘",字眼不一样,外表形状也大不相同。

　　我们看惯了一般的沙丘,都是一座座的,彼此很少连接。这一道沙垄就不同了,好像一道长长的城墙,横亘在沙地上伸展得很远很远。我们想沿着它走到头,却走疼了两只脚也望不见尽头在哪里。

利比亚沙漠中的沙垄。(视觉中国供稿)

小知识

纵向沙垄生成于单向风吹刮的地方，笔直延伸很长，两边坡度相等。

走啊走，我们走累了。更加重要的原因是心里失去了希望，不想再走下去，一屁股坐在沙垄脊背上休息。

伙伴信口说："看来这道沙垄很长，一时半会走不到尽头。这到底是什么东西，该不会是一道古代的沙漠长城吧？"

听他这么一说，我不由产生兴趣了。谁都知道古埃及强盛时期曾经征服了周围许多地方，也曾经有过多次外敌入侵。中国古代有万里长城，古埃及为什么不能修造同样的长城呢？

我把自己的想法告诉伙伴。他也一下子兴奋起来，冲动地接口发挥道："说得对！这可是了不起的发现，咱俩立大功劳啦！"

我们举目再往四周看，一下子傻眼了。只见沙漠大地上，密密平行排列着一道道同样的沙垄，都一模一样。如果这是防御敌人的长城，怎么会修造这么多呢？我们你看着我，我看着你，再也说不出一句话了。

这不是什么长城，是一种特殊的沙丘，叫作纵向沙垄。

这种纵向沙垄到底是什么样子？它的外形有几个特点。

它总是顺着一个方向伸展，绝对不会转弯；

它的背脊有尖的，也有浑圆的；

它的两边坡度基本上一样，几乎完全对称。

在埃及，它还有一个别号"鲸背"。瞧着它浑圆的背脊、长长的身子，真的像一条躺在沙地上的大鲸鱼呢。

纵向沙垄是怎么形成的？和单纯的风向有关系。我们生活在季风地区，见惯的是季风羽翼下形成的新月形沙丘。埃及和整个撒哈拉大沙漠可是东北信风盛行的地带，沙漠里几乎整年都吹刮着同一个方向的风。这就叫作信风。请你想一想，朝着一个方向整年不停吹的风，不把沙丘塑造成这个样子，那才真的有些奇怪了。

在埃及的沙漠里，有的纵向沙垄有 1000 到 3000 米宽，好几十米高，300 千米长。个儿真不小呀。

撒哈拉"金字塔"

一个孩子对另一个孩子说:"信不信由你,撒哈拉大沙漠里发现了'金字塔'。"

第二个孩子问:"这是真的吗?"

第一个孩子起誓说:"当然是真的。一个游客亲眼看见的,难道还会有假吗?"

第二个孩子说:"游客的话靠不住,没准儿他看走了眼。要不,就是吹大牛。"

第一个孩子说:"这是一个大胡子游客。俗话说:嘴上无毛,说话不牢。这个游客嘴皮上、下巴上、腮帮子上,都长满一圈浓浓密密的黑毛。脑袋上也披着又长又乱的同样的黑毛。猛一看,分不清男女,幼儿园毛孩子准会叫他阿姨。他的鼻梁上架着墨镜,手上戴着亮晃晃的大金

石灰岩石林。埃及东部撒哈拉沙漠的白沙漠。地处北非撒哈拉沙漠的东缘,又称东部沙漠。(江程生/CTPphoto/FOTOE)

小知识

金字塔形沙丘分布在多风向的地方，每个棱面代表一个风向，特别高大。

表，嘴角还叼着一个大烟斗，烟圈儿突突直往上冒。看来见多识广，一副目空一切的样子，大概不会骗人吧。"

第二个孩子一听，撇了一下嘴角说："噢，按照你的描述，那是一只黑猩猩呀。我见过这副模样的导演，动不动就编造一个什么'戏说'历史和皇帝的电视剧，东拉西扯，全是胡说八道。这样的人，说这样的话，也能相信吗？"

第一个孩子争辩说："你别以貌取人。别人亲眼看见的，为什么不能信呢？听他说，他真的要写关于一个古埃及法老神秘沙漠金字塔的剧本。法老是什么？就是古代埃及皇帝呀！那法老能腾云驾雾，会少林武术。故事曲折离奇,还有外星人和现代大美女掺和。武打加柔情,准能一炮走红。你就等着买票开眼界吧。"

喔，如果真有这么一回事，那可是震惊世界的考古大发现。两个孩子连忙兴冲冲骑着骆驼去考察。骆驼慢吞吞迈着步子，走了一天又一天，终于走进沙漠腹地，来到那个神秘的金字塔所在的地方。

他们抬头一看，果真瞧见远远的黄色地平线上高高耸起一座大沙山。尖尖的塔顶、方方的塔身，真的活像一座金字塔。

两个孩子兴奋起来了，飞快赶到跟前，拿起相机噼里啪啦一阵猛拍。他们也要把这个沙漠金字塔的照片带回去，在同学们面前炫耀一下。

得啦，还是别听那个嘴上有毛的游客的话为好。这不是什么人工建造的金字塔，而是自然形成的金字塔形沙丘。

这种沙丘又叫星状沙丘，和别的沙丘不一样。不仅外貌特殊，个儿也十分高大，常常有上百米高，最高的可以达到两三百米。它的边坡上有好几个明显的棱面,每个棱面代表一种风向。这是气流受地形阻挡而形成的。要生成星状沙丘，必定有几个不同方向的风，各个方向的风力相差不大。这种沙丘一般分布在山地迎风坡附近，或者下面的地形有微微起伏的丘陵、台地上。

撒哈拉怀抱里的高山

辽阔的撒哈拉大沙漠里，到处都是一马平川吗？

不是的，这儿也有山。它的腹心地带就高高耸起了一座山。这是阿哈加尔山脉。

阿哈加尔山脉又名霍加尔山脉，坐落在撒哈拉大沙漠的中心，位于阿尔及利亚的南部，距离阿尔及尔大约 1500 千米。这里除了古老的花岗岩，还有后期喷发的玄武岩，共同组成了各种各样特殊的地貌景观。

说起这座山，有些名不副实。其实它不算真正平地耸峙的山，而是一个高原。严格说起来，它是高原上面的一座山。

啊哈，原来这是站在巨人肩膀上的侏儒呀！

来到这里有什么好看的？

站在高高的山上，瞭望山脚下广阔的沙漠呀！这里是撒哈拉大沙漠的中心。除了在飞机上，还有什么地方比这儿的视角更好，能够俯瞰茫茫的撒哈拉？

这座山本身就很奇特，准能扯动人们的眼球。

看吧，山上高高耸起造型古怪的石柱，密密麻麻排列在一起，活像一片异样的石林。仔细数一数，足足有 300 多根。人们做梦也没有想到，在撒哈拉这个"死亡之海"里面，居然还有这样的奇观。天下石林何其多，谁能比得上沙漠腹心的这座秘密石林。

提到沙漠，人们的心中仅仅是一派单调的黄色，这座山上的色彩可丰富得多。这里没有红的花、绿的草，一派五彩缤纷，可是这里的肉红色花岗岩山冈，配上一些

> **小知识**
>
> 撒哈拉大沙漠里也有山地，仅是这一点就很稀奇。

阿哈加尔山上造型奇特的石柱。（视觉中国供稿）

黑色的玄武岩"烟囱"，不仅色彩搭配奇异，构图也属上乘。好就好在别处没有，只有这里才能看到，多么有意思。

话说到这里，需要解释一下，那些笔直耸立的乌黑色的"烟囱"是什么？想不到竟是充填在死火山颈里的凝固的岩浆，经过漫长的沧桑岁月，剥蚀残余的部分。

这里集中了许多奇异的景物，难怪当地的图阿雷格人把它叫作"阿塞克拉姆"，意思是"世界的尽头"。听一听这个名字，够刺激吧？

来吧，朋友，下定决心冒险到这里来一次，看看脚下的沙漠、山上的石林和火山颈，就一万个值得！

香喷喷的丁香岛

桑给巴尔在哪里？

它是东非海岸线上的一朵鲜花。这里背靠着辽阔的非洲大陆，面对着同样辽阔的印度洋。这儿是非洲大陆的吞吐口岸，也是古代"海上丝路"横越印度洋的一个终点站。它曾经辉煌，直到今天，往昔的荣光也没有被完全消磨。

桑给巴尔是坦桑尼亚沿海的一个岛屿，和奔巴岛挨靠在一起。桑给巴尔岛上的桑给巴尔城，很早以前仅仅是一个小小的渔村，依靠它优良的地理位置和港口，后来逐渐发展成为一座城市，甚至在13、14世纪的时候，一度成为名声远扬的桑给巴尔帝国的中心。

桑给巴尔的兴起，和"海上丝路"也有关系。早在南宋时期，中国就和桑给巴尔有贸易往来。当时的地理著作《诸蕃志》把它称为"层拔国"，《岭外代答》称为"昆仑层期国"，《岛夷志略》称为"层摇罗"，《宋史》把它叫作"层檀"。这里曾经发掘出许多中国古青花瓷器和宋代铜钱，都是最好的证明。明代航海家郑和也来过这里。这里和中国有很深的历史渊源。

桑给巴尔属于哪个国家？

就是坦桑尼亚呀！

你可知道坦桑尼亚这个名字的来历？让我们列出一个算式，那就

地名资料库

桑给巴尔 阿拉伯人很早就来到这里，发展经济和海上贸易。在阿拉伯语中，桑给巴尔这个名字是"黑人海岸"的意思。

小知识

桑给巴尔岛和奔巴岛都出产丁香，是有名的"丁香之国"。

坦桑尼亚的桑给巴尔，印度洋的日落美景。（张奋泉/FOTOE）

是"坦噶尼加＋桑给巴尔＝坦桑尼亚"。

坦噶尼加很大很大，是东非各个地区名副其实的老大。桑给巴尔很小很小，不过是一个弹丸小岛。坦噶尼加＋桑给巴尔＝大象＋老鼠，简直完全不般配。

既然是"大象＋老鼠"，为什么二者还能平起平坐，把二者的名字合在一起，作为一个国家的名字，称为坦桑尼亚联合共和国呢？这就可以想象这只"老鼠"的名气和重要性有多大了。

喔，说起老鼠，人们似乎对它很不尊重。其实并非如此，十二生肖里，头一个就是"鼠"。属鼠的人很多很多，也没有听说谁不高兴。每逢鼠年到来，总要发行邮票、举行晚会，全国普天同庆，有什么不好的？再说，桑给巴尔可不是什么耗子过街人人喊打的"臭老鼠"，而是一只人人拍手欢迎的香喷喷的"香老鼠"，就更加可爱了。

桑给巴尔是香的，它的香气早已传扬四方。

为什么这样说？因为这里盛产丁香，是有名的香料之岛。古埃及为了寻找珍贵的香料，不惜代价一次次派遣队伍走向南方，一直走到号称"非洲之角"的蓬特国。虽然由于当时的条件限制，没有直接到达桑给巴尔，可是南方的许多香料就是从这里运出去的。后来的西方殖民者更加对这里眼红，大肆掠夺香料资源。坦桑尼亚独立了，桑给巴尔的丁香也更加声名远扬。

奇怪的"文字鱼"

信不信由你，这是一个真实的故事。

这件事发生在桑给巴尔岛的一个菜市场。

这里是印度洋西部有名的渔港，菜市场里堆满了各种各样的海鱼。有一天，有一个人来买鱼，顺手买了一条黑色的半月刺鲽鱼，打算拿回家煮汤。当他付了款，拎起尾巴一看，不由惊奇地瞪大了眼睛，张开嘴巴喊出了声。

瞧，这条黑鱼身上居然写着字，好像一块小黑板。一行行白色的"粉笔字"，就清清楚楚写在它的身子上。

真的是字吗？

听见他的呼喊，周围的人一下子围过来，好奇地打听发生了什么事情。大家这才看清楚，这条鱼身上真有许多弯弯曲曲的白色条纹，从头到尾布满了全身，奇怪极了。

有人忍不住说："哇，这很像古代的阿拉伯文呀。"

还有人仔细比对，又发现了一个奇迹。想不到鱼身上的白色条纹，居然能够组成一个简单的句子。要说这不是文字，打破脑袋也不相信。可是要说这真的是文字，又是谁写的？怎么能够在海水里保存下来呢？

不管怎么说，大家眼见为实。即使这条鱼身上的"文字"是巧合，也是无上的珍品。不消说，它逃脱煮汤的命运了。卖鱼的小贩非常后悔，怎么不多看一眼就随便卖掉了。那个买主十分得意，打算带回家作为特殊的收藏品。围观的人们一个个看得眼红，也争着要收买这条鱼，

小知识

半月刺鲽鱼生活在珊瑚礁里，身上的花纹是保护色。

坦桑尼亚桑给巴尔市，渔船出海。（张奋泉 /FOTOE）

纷纷向那个幸运的买主提出愿望。消息传出去，全城都轰动了，人们都想来看一看这条怪鱼。一场激烈的拍卖展开了，人们不断抬高价格争着购买。原本只值一个卢比的鱼，经过一阵争夺，想不到竟拍卖到 1 万卢比的高价，真是身价百倍呀。

这条鱼身上的花纹当然不是文字，只不过是巧合罢了。这是一种罕见的半月刺鲽鱼，是蝴蝶鱼科的一种。它们隐藏在珊瑚礁里，大多五颜六色的，只有这种半月刺鲽鱼是这个样子。它身上的白色花纹没有一丁点儿排列规律，好像一匹水底的斑马。它披着这种特殊的伪装，才能在海底珊瑚礁里隐蔽自己，不让敌人看见。

赤道阳光下的雪山

火辣辣的赤道上，高高耸起一座银亮亮的冰峰。这是真的吗？

当然是真的。坦桑尼亚东北部和肯尼亚交界处的乞力马扎罗山，就是一座名副其实的赤道上的雪山。在阳光炽烈的赤道，居然有这样一座雪山，本身就是一个奇迹。这座山很高很高，老远就能望见，是最好的指路碑，没准儿也是山下的狮子、大象认路的标志吧？

站在山脚，抬头仰望这座高山，只见它的山顶银光灿亮，好像一个头戴银盔的大将军，威风凛凛地耸峙在大地上，真是一个奇观。

乞力马扎罗山之奇，还不止这一点。它的山脚和山顶大不一样，仿佛是两个不同的世界。山顶虽然一片冰雪，仿佛是靠近北极和南极的寒带，山脚却是炎热的热带天地。狮子懒洋洋躺在树荫下，大象、长颈鹿都不愿意在滚烫的正午阳光下活动。半山腰上呢？好像又是温带了。一座山上下包含了不同的气候带，难道还不算另一个奇观吗？

乞力马扎罗山的谜完了吗？还有的是呢！

它的最高峰上有一个巨大的凹坑，大张着朝天的嘴巴，直径达到1800米，可以装进好几个足球场。这个凹坑并不是冰冷的，随时冒出一些烟气，仿佛一口刚刚熄灭的大锅。你说，奇不奇？

啊，乞力马扎罗山，真是一个离奇的大山、一个说不完

地名资料库

乞力马扎罗 这个名字来源于当地的斯瓦希里语，可是有不同的解释。有的说，这是"光辉的山""明亮美丽的山"之意。因为晚霞里雪峰五彩缤纷，非常好看；有的又说，这就是"山"和"寒冷的山神"两个词组成的。因为这座山很高，山上很冷。

坦桑尼亚乞力马扎罗山，非洲第一山，海拔 5895 米，有"非洲屋脊""非洲大陆之王"之称。(张春泉 /FOTOE)

的谜。从前生活在山下的人们不明白它的奥秘，编造了许多神话故事，一点也不稀奇。

啊，乞力马扎罗山，人们说它是"非洲屋脊""非洲大陆之王"。

为什么赤道上的乞力马扎罗山能够积雪？这和它的高度有关系。它海拔 5895 米，是非洲大陆最高峰。虽然山下很热，气温最高可以达到 59℃，但是随着高度增加，气温逐渐下降，山顶常常是零下 30 多度。在这样寒冷的条件下，不积雪结冰才是怪事呢。

为什么它的山顶和山下自然景观不一样？这是随着高度变化的垂直自然带呀。

为什么它孤零零地耸立在宽阔的平原上，和周围的景色显得有些格格不入？因为它是一座火山锥呀。平地冒起的火山，当然和周围没有关系。啊，原来它是火山。人们有些担心了，不知道它还会不会喷发。

完全有可能呀！请你仔细看，山顶上时不时还有一缕缕非常淡薄的轻烟，丝丝袅袅飞升进湛蓝的天空呢。地质学家说，这是一座休眠火山。谁也说不上什么时候，它一下子醒来，换一个模样，喷发出熊熊烈火，比山下的狮子可怕得多。

热带骄阳下的稀树草原

看惯了蒙古高原上"天苍苍，野茫茫，风吹草低见牛羊"的景观，猛地一下来到东非高原上放眼一看，觉得有些不习惯。

看惯了一般的森林风光，来到这里也有些不习惯。

在我们的印象里，草原就是草原，森林就是森林，完全是两码事，怎么可能搅在一起？

想不到东非高原就是这个样子的，辽阔的原野上盖满了青草，却东一棵西一棵、稀稀拉拉长着几棵树，草原不像草原，森林不像森林，不知道该叫什么才好。

植物学家说："这肯定是草原。树不多，就叫作稀树草原吧。"

好一个稀树草原，名字就这样定了。写进一本又一本教科书里，表明它和常见的草原和森林都不一样，是一种特殊的植被类型。蒙古高原上可没有这样的景观。

请问，这儿和蒙古高原的差别，仅仅是有没有树吗？

不，差别还大呢。

你到这儿来，别想悠悠闲闲看牛羊，可得特别小心才对。这里压根儿就不是放牛、放羊的地方。这里只有一群群狮子、大象、斑马、长颈鹿，是野生动物的世界。

这里热得要命，可别随便跑到树下乘凉。你热，狮子也热。你看中的一棵大树，没准儿树荫下就是一群狮子歇息的地方，稀里糊涂跑过去，一不小心遇着一只狮子王，可就没有好果子吃啦。

小知识

稀树草原是一种热带植被类型，植物抗旱能力比较强。

斑马种群，东非肯尼亚马赛马拉草原。（董建民 /FOTOE）

东非的稀树草原都是一样的吗？才不呢。根据植物组合情况不同，可以分为乔木稀树草原、灌木稀树草原、禾草稀树草原几种。尽管这里都是热带气候，也有一丁点儿干湿程度的差别。不同的稀树草原种类，生成于不同的气候环境里。雨水多一点的地方生长高大的乔木，雨水少的地方就只能生长灌木和耐旱的禾本科草类了。

别以为禾草稀树草原上没有大树，一眼能够看穿，就可以放心大胆到处乱跑。许多地方的草比人还高，也是躲藏狮子的好地方。

稀树草原分布在热带地区，特别是南、北纬 10° 至南、北回归线之间。这种植被类型生成于特殊的气候环境条件下，即干湿季节的雨量差别很大。世界上其他地方也有同样的稀树草原，却没有非洲的稀树草原广阔和典型。

非洲稀树草原又叫萨瓦纳。由于气候炎热，加上旱季的影响，所以植物都有适应这种气候的特点。叶片比较坚硬，上面长着毛茸，能够自动避开强烈的阳光照射，树皮厚，有的树干能够储水，根系很长，便于广泛吸收水分。

火山口动物园

喂，朋友，这儿是坦桑尼亚北部的恩戈罗恩戈罗。恩戈罗恩戈罗火山口是一个破火山口，直径大约 18 千米，有 610 米深，最高点海拔 2135 米，盆底面积达到 315 平方千米。听着这一连串数据就可以想象它有多大了，是世界第二大火山口。这个大火山口里面，还有一些小火山口，其中有的是活火山。它位于东非大裂谷东支，熔岩从断层的薄弱地方喷出来，在附近生成一连串的火山，它只不过是其中之一罢了。

这个巨大的火山口是坦桑尼亚的一个国家公园，马赛族牧民世世代代居住的地方，也是野生动物的乐园。1979 年，它被列入了世界遗产名录。除了前面说过的那些常住动物，不同的季节还有成群结队的鸟儿飞来，使这里显得更加生机蓬勃，号称"非洲伊甸园"。

火山口里也有动物园吗？岂不都会煮熟了，变成什锦大杂烩，不会留下一只活的？

这可是真的。这儿的野生动物一个个活蹦乱跳的，比哪儿的动物都神气。不信，就请来看看吧。不过可要提醒阁下，到这儿可得千万小心。别稀里糊涂撞上一只大狮子，把自己送给它做早餐。

火山口里怎么会有野生动物呢？

说来也很简单，因为这是一个死火山口，火焰早就熄灭了。四周一圈天然

地名资料库

恩戈罗恩戈罗　在当地人的话里，就是"大洞"的意思。朝天的火山口，岂不就是一个特大号的洞吗？

小知识

恩戈罗恩戈罗火山口早已熄灭了，里面散布着许多河湖，有大面积的草地和树林，是野生动物生活的好地方。

恩戈罗恩戈罗火山口生活着的斑马和野驴群。（视觉中国供稿）

围墙，中间一片宽展的平地，长满树木和青草，简直像一个天生的野生动物乐园。

这个火山口动物园里有什么动物？

噢，这可一下子说不清了。非洲有什么动物，这里就几乎全有。从凶猛的狮子、猎豹、鬣狗，到吃草的大象、犀牛、斑马、羚羊、瞪羚、角马、鸵鸟、长颈鹿，种类齐全，应有尽有，总共有 4 万只以上，世界上没有任何动物园能够和它相比。

这个火山口并不是完全封闭的，不像动物园的大笼子，野生动物被关在里面不能出来。有趣的是它像真正的运动场，还有一个宽阔的出口，可以任随野生动物自由进出。

说到这儿，人们会问，有了这个出口，动物不会跑光吗？

不会的。这个巨大的火山口里，有弯弯曲曲的河流，也有水汪汪的湖泊和沼泽。这里有吃不尽的草，喝不完的水，是食草动物生活的天堂。有了这么多的食草动物，在食物链的牵引下，食肉动物也跟着来了，谁也不想跑出去。

啊，既然有缺口，为什么食草动物不逃跑呢？难道它们心甘情愿给别人填肚子吗？

喔，这有什么好怕的。自古以来它们就习惯了挨靠着凶猛的敌人过日子，拥有快速奔跑的本领、大量繁殖的能力。万一被逼急了，它们还会成群结队拼命抵抗，再说，跑到外面照样也有猛兽的威胁，不管在什么地方岂不都是一样的吗？

狮子王

亚洲的"万兽之王"是老虎，非洲的"万兽之王"是谁？

是力大无穷的非洲大象吗？

不，虽然它的力气大，谁也不敢招惹它，可是它从不盛气凌人欺侮谁，缺少一点"霸王"的霸气，就不好说是"万兽之王"了。

真正的非洲"万兽之王"是狮子。威风凛凛的狮子大王谁不害怕？有一部孩子们都喜欢看的动画片《狮子王》，岂不就是这样说的吗？

说到这里，没准孩子们会提出一个有趣的问题：如果让亚洲的"万兽之王"老虎，和非洲的"万兽之王"狮子比试比试，来一场洲际冠军比赛，谁能打过谁，是真正的世界"万兽之王"？

噢，孩子总是孩子，天真得太可爱。它们一个住在亚洲，一个住在非洲，除了在动物园和马戏团见面，老死不相往来，怎么可能进行比赛？

有的孩子会说："老虎额头上真有一个'王'字。狮子也有吗？凭着这一点，老虎就是世界'万兽之王'。"

还有的孩子非常细心，会提出别的理由："最大的老虎的个儿比最大的狮子大。不消说，老虎的力气也最大，狮子根本就不是对手。"

也会有孩子说："老虎游泳的本领比狮子高明，是全能冠军。"

这些话，说得对吗？

噢，不，额头上有字算什么？如果我也在脸上写一个"王"字，就会吓死别人吗？

个儿大小，游泳好坏，都算不了理由。老虎个儿大，比得上大象吗？它会游泳，比得上鳄鱼吗？

小知识

狮子习惯群居生活，是环境条件决定的。

狮子和猎物，东非肯尼亚马赛马拉草原。（董建民/FOTOE）

是啊，我们承认，也许一只老虎真的打得过狮子。但是一只老虎绝对打不过一群狮子。老虎不合群，总是独来独往的。狮子一来就是一群。请一只亚洲老虎和非洲狮子决斗吧，谁能压倒谁，还一下子说不清楚呢。

狮子总是由一只雄狮带领，在草原上成群结队生活。仅仅这一点，就和老虎不一样。为什么这样？不仅是因为它们各自的性格不同，更加重要的是生活环境条件的差别。

老虎主要生活在密林里，成群活动不方便。森林里别的动物大多也是孤单单的，最多也仅仅是小群活动。如果一个地方老虎太多了，就会形成食物短缺现象。所以有一句话说，一山不容二虎，就是这么一回事。

狮子可就不同了。它们生活在辽阔的大草原上，不仅可以自由自在纵情奔跑，这里的其他动物也是一大群一大群的，食物非常丰富，不会互相你争我夺。狮子在这里过着群居的生活，比孤独的老虎愉快得多。

马尼亚拉湖的主人

马尼亚拉湖的春天到了，它的主人回来了。

这个火山口旁边的湖泊的主人是谁？是不怕狮子和大象、勇敢的马赛族猎人吗？他们从什么地方回来？是骑着马，还是徒步穿过广阔的草原回来？

不是的。马尼亚拉湖的主人是"它们"，而不是"他们"。它们不是用自己的脚走回来的，而是扇着翅膀从天上飞回来的。

啊，那会是谁？是长翅膀的天使吗？

不是的，马尼亚拉湖真正的主人是鹈鹕呀。每到这个季节，数不清的鹈鹕就会从遥远的地方飞回这儿，使整个湖一下子热闹起来。

为什么它们这个时候来？因为这时候天气适宜，是鱼儿产卵孵化的季节。不消说，也是水鸟最好的捕鱼季节。水鸟对鱼儿的活动最清楚，鹈鹕也是一样的。

鹈鹕先生的模样儿很特别，一眼就能认出它，因为它嘴下面的那个大皮囊。

它的个儿特别大，大约有 1.5 米长，活像一个泡在水里的大胖子，比许多孩子的个儿还大，是世界上最大的水鸟。当它在水面浮游的时候，特别喜欢耸起两只蓬蓬松松的翅膀，那就更加显眼啦。

其实，它最显眼的是一张大嘴巴。

哇，它的嘴巴真大呀！长度几乎占整个身子的四分之一。请问，在动物世界里，还有谁的嘴巴占身体的比例比它更

小知识

马尼亚拉湖是鹈鹕聚集的地方。鹈鹕用随身携带的"渔网"打鱼。

肯尼亚纳库鲁自然保护区里，除了成千上万的火烈鸟，还有不少的鹈鹕聚集。（蔡憬／FOTOE）

大？更加奇怪的是，它的嘴巴下面，还有一个大皮口袋，这可是任何动物都没有的呀。

噢，这有什么值得大惊小怪的？水鸟的一生就是打鱼，鹈鹕先生也不例外。它好像有经验的老渔翁，早就准备好捕鱼的渔网了。渔网是什么？就是它的下巴下面的那个大皮口袋呀！它可没有耐心像鱼鹰和鹭鸶一样，一条一条鱼儿慢慢叼。它是最精明的老渔翁，才不使用落后的鱼叉和标枪打鱼呢。最好的办法就是撒网，它的渔网随身带，就是那个大皮口袋呀，只消在水里张开大嘴巴，就能一下子装满一大堆鱼儿啦。

啊，马尼亚拉湖。在你的怀抱里，鹈鹕这么多。给你改一个名字，叫作鹈鹕湖，好吗？

长颈鹿、短颈鹿

孩子像爸爸，灰孙子也像老祖宗，还有什么好说的吗？即使相貌有一些差异，也可以通过 DNA 测验，得到确切的证实。

现在小长颈鹿遇着一个难题了。它看了老祖宗的照片，觉得和自己差得远了。

照片里的老祖宗是什么样子？它的个儿不高，脖子不长，身上没有斑斑点点的花纹。

呜，这简直就是一个短脖子。小长颈鹿一家的脖子都很长，怎么会冒出这样一个短脖子老祖宗？

小长颈鹿问妈妈："这真的是咱们的祖宗吗？"

长颈鹿妈妈说："这是咱们家一代代传下来的照片，难道还会有错吗？"

小长颈鹿问："咱们是长颈鹿，为什么它是短颈鹿？"

长颈鹿妈妈说不出来，只好胡猜："没准它的脖子有病，割掉了一大截吧。"

小长颈鹿不明白，转过身子又问爸爸。

长颈鹿爸爸想了一下说："可能咱们的老祖宗是魔术师，脖子能够变长变短。"

小长颈鹿越来越糊涂。爸爸妈妈也说不清楚，小长颈鹿只好去问派出所。

派出所的警察叔叔说："你的老祖宗的户口没有问题。如果你心里真有疑惑，做一个 DNA

小知识

长颈鹿的祖先是短颈鹿，压根儿就和它不一样。由于后来环境变化，得伸长脖子吃高高的树叶，它的脖子才慢慢变长的。

非洲草原长颈鹿，肯尼亚马赛马拉自然保护区。（董建民 /FOTOE）

测验吧。"

小长颈鹿没办法，只好去做这个实验。好在那个短脖子老祖宗还留着一些骨头，这就可以做实验了。

DNA 测验报告单出来了，上面一本正经写着："小长颈鹿和短颈鹿比较，相似性等于 99.999%。"

啊，99.999% 是什么意思？这是说小长颈鹿和短颈鹿，几乎有 100% 的血缘关系。它就是照片上那个短颈鹿的灰孙子。

瞧着放在面前的报告单，小长颈鹿不得不相信。可是它想来想去，说什么也想不通。谁能帮助它解决心里的疑惑吗？

照片里的短颈鹿，就是小长颈鹿的老祖宗。原来远古时期的长颈鹿，真的就是短颈鹿，不是长脖子长腿，身上也没有斑斑点点的花纹。因为那时候能够吃的东西很多，用不着伸着脖子吃高高的树枝上的树叶，短脖子就够了。那时候敌人不多，也用不着放开四只脚拼命跑，不用躲在树荫里迷惑敌人，也就用不着长长的腿，不必披着树叶一样的斑点伪装衣掩护自己了。后来环境慢慢变化，现代长颈鹿的这些特征才在祖先身上慢慢出现了。

树上的面包

面包是哪儿来的?

当然是面包房里烘烤出来的啰。

什么地方可以找到面包?

当然是食品商店和餐厅啰。

啊,那可不一定。信不信由你,树上也会长面包。

这是真的吗?

当然是真的,骗你是小狗。

非洲的稀树草原上就有一种面包树,树上吊挂着一个个大面包。猛一看,和真正的面包一模一样。

这是真正的面包吗?

当然不是的。其实这是一种特殊的果子,压根儿就不是面包。它的个儿和足球一样大,只不过外形有些像面包。咬一口,又甜又香,汁水也很多,和一般的水果一样。

这是猴子最喜欢吃的果子,也是猩猩和大象的最爱。果子成熟的时候,树上就爬满了猴子,大伙儿欢天喜地大吃一通。所以这种树有一个名字,就叫作"猴面包树"。

猴面包树不仅长"面包",模样儿也很稀奇。

第一奇,它的个儿不算太高,最高的也只有十多米,却挺着一个大肚皮。树干特别粗,要二三十个人手

小知识

> 　　猴面包树是非洲热带稀树草原上最常见的树种。它的特殊构造可以防备干旱,果子可以吃,还有许多别的用途,浑身都是宝。

赞比亚的非洲猴面包树。（张奋泉 /FOTOE）

牵手，才能抱住它。远远一看，它活像一个大瓶子，所以又叫"瓶树"。

第二奇，尽管它的树干很粗，却外强中干，木质非常疏松，里面的孔隙很多，好像海绵似的容易储水。一棵棵猴面包树，就是一个个特殊的水塔。树身里储满了水，就能挨过漫长的旱季了。

第三奇，每当旱季来临的时候，它就会迅速脱光身上所有的树叶，减少蒸发，维持生命。

为什么猴面包树这样怪里怪气的？

当地有一个传说。据说它不听上帝的安排，非要住在热带草原上。上帝生气了，把它连根拔起来，倒扔在地上，所以像倒立在地上的"倒栽树"。

猴面包是什么样子？它的外皮是灰白色，有 30 多厘米长，呈长长的椭圆形。说它像足球，还不如说像橄榄球。

猴面包树除了"瓶树"的别名，还有一个名字叫作波巴布树。因为阿拉伯狗面狒狒也喜欢吃它的果子，所以又叫猢狲木。它挺着大肚皮，身子很粗，当地黑人又叫它"大胖子树""树中之象"。

在干旱的热带草原和荒漠里，它还是特殊的救命使者。由于干渴而生命垂危的旅行者，只要找到一棵猴面包树，就能得到救命的水，所以人们亲切地叫它"生命之树"。

猴面包树的寿命很长，即使在热带草原那种恶劣的干旱环境里，也能活到 5000 年左右。据说，最老的一棵已经活了 5500 年，真是名副其实的长寿树。

别以为它只能结面包一样的果子，也是特殊的药材。

它的树叶可以当作蔬菜，还能熬汤、喂马。

它的果肉很好吃，可以制成饮料和调味品。

它的果肉里有很多种子，可以炒着吃，也可以当作粮食。

种子含油量高达 15％，可以榨出上等的食用油。

它是有名的药用树。它的果子、树叶、树皮可以养胃利胆、清热消炎、止血止泻，可以治疗热带常见的疟疾，甚至还能防止胃癌细胞扩散呢。

更加有趣的是，人们还喜欢把树干掏空，住在这种特殊的树屋里，也可以把它作为畜栏和储藏室。在猴面包树洞里贮存食物，很久也不会腐烂变质。

非洲的"大大象"

大象就是大象,为什么叫作"大大象"?难道除了"大大象",还有"小大象"吗?

有呀!请听我慢慢讲吧。

首先问一个问题:陆地上什么动物最大?

当然是大象。

接着再问一个问题:世界上的大象,什么地方的最大?

当然是非洲的。我们见惯的亚洲象,和非洲象相比,简直就是小弟弟。

你不信吗?就来比试比试吧。

亚洲象有多大?最大的也不过两三米高,伸直了鼻子也没有多长。非洲象的个儿大得多,大的有三四米高,连同鼻子大约 10 米长。如果它们站在一起,非洲象是"姚明",亚洲象就像咱们平常人一样。要想和非洲象抢篮板球,可就要吃亏啦。

亚洲象有多重?最重的也不过 3 吨重。非洲象重得多,大的有 10 吨重。三只亚洲象才能抵上一只非洲象。如果亚洲象是轻型坦克,非洲象就是最大的重型坦克,二者压根儿就不是一个等级。让它们撞一撞,非洲象准会把亚洲象撞翻。

是啊,亚洲象只能在亚洲称老大,非洲象才是陆地上真正的动物之王,谁也比不上的巨无霸。

噢,明白啦,非洲象是真正的"大大象",亚洲象只能算"小大象"。

非洲象和它的亚洲兄弟相

小知识

非洲象比亚洲象大得多,是陆地上最大的动物;由于生活环境复杂,有不同的种类。

肯尼亚安伯塞利野生动物园的象群。(张奋泉/FOTOE)

比，只是个儿大小不同吗？也不是的，它们的差别还多呢。

咔嚓，给非洲象拍一张照片；咔嚓，再给亚洲象拍一张照片。拿着两张照片比一比，就能瞧见更多的差别了。

又长又弯的门牙是大象的标志。可是亚洲象只有公象才有弯弯的门牙，非洲象不管公象还是母象，都有长长的门牙。

为什么这样？是不是非洲象主要生活在开阔的草原上，有成群的狮子，母象也必须装备这种锋利的武器，才能保护自己和身边的孩子？亚洲象生活在密密的森林里，只有单个老虎活动，母象只管带孩子，公象就能对付敌人了。

大象的耳朵比猪大，非洲象的耳朵比亚洲象的大得多。是不是因为非洲特别热，要两把特大号的扇子扇风才风凉？

仔细看，非洲象和亚洲象某些细微结构也不一样。非洲象鼻子上的皱纹一圈一圈的特别明显,鼻尖有两个"手指"一样的突起,拿东西很方便。亚洲象的鼻子比较光滑,没有那样的鼻尖"手指"。非洲象颜色比亚洲象深些,这也是它们的差别。

非洲象和亚洲象都喜欢成群活动,可是非洲象群大得多。是不是因为亚洲象在森林里,环境非常闭塞,只能小群活动,而非洲象主要生活在开阔的草原上,活动空间广阔,加上敌人多,大群活动才安全?

非洲象和亚洲象的脾气也不一样。亚洲象性情温顺,很听话,经过训练的亚洲象,是马、牛、羊、鸡、狗、猪之外的第七种牲口,老老实实给主人干活。有的还能表演马戏节目,甚至组成一支大象军团,像活坦克一样冲锋陷阵。

野里野气的非洲象可不成。它们的脾气特别暴躁,绝对不会像牛马一样给人们做奴隶。谁想赶着它们上战场,简直就是做白日梦。

非洲象都生活在草原上吗?

那才不见得呢!

人们惊奇地发现,非洲大地上,不仅有草原大象,还有森林大象,种类可多啦。

在非洲大地上,非洲象和黑人世世代代和平共处。除了偶尔的小小摩擦,几乎谁也不招惹谁。所以非洲象从前有很多,自由自在地在非洲大地上生活。

可惜呀可惜,在黑暗的殖民时代,热爱自由的黑人遇着白皮肤的殖民者,像牲口一样被掳掠到异乡,在皮鞭下做奴隶。非洲地图上出现了可耻的奴隶海岸。誓死不屈的非洲象也遇到了这些残暴的白皮肤两脚动物,被大量射杀带回欧洲,只是因为他们想得到象牙。非洲地图上,也曾经冒出一个野蛮的象牙海岸。

为了保护珍贵的非洲象,联合国《濒危物种国际贸易公约》执行机构在1989年宣布,全面禁止涉及大象的国际贸易,狠狠打击黑心肠的偷猎者。

我和猎豹赛跑

喂，朋友，我们有一个大胆的计划，准备亲密接触猎豹。

啊呀，你说什么？是不是吃错了药，不要命了吗？谁不知道猎豹是凶残的猎手，野生动物短跑冠军，竟敢亲密接触它？不是吹牛皮，就是活得不耐烦了，白白去送命。朋友，放心吧。我们当然知道猎豹的厉害。不过我们要想了解猎豹到底跑得有多快，不亲密接触它，怎么能够达到目的呢？

猎豹的老家在非洲，东非草原上的猎豹特别多。我们就打算空降在那里，和它来一次亲密接触，当面测量它的短跑速度。

哟，你说什么？东非草原不是孤岛，要去就去呗，为什么要空降？难道打算从半空中跳伞下去，和猎豹紧紧拥抱吗？

啊，朋友，是这么一回事。我们当然不会傻得从天上跳伞，而是准备好一架直升机，作为逃生的安全保障。再准备一辆跑车，作为测量它的短跑速度的工具，在地面和它比试比试。二者相互配合，就能达到测试的目的了。不消说，这有极大的危险性，也极其刺激。

我们的测试开始了。

小知识

猎豹腿长、体形瘦，脊椎骨柔软容易弯曲，整个身子活像一根弹簧，非常适合短跑。它的身子能在奔跑中上下起伏，有助于快速运动。它的尾巴是平衡器，用来帮助快速转弯追赶猎物，是动物世界里的短跑冠军。可是它的耐力差些，时间一长就支持不住，只好放弃眼前的猎物，休息一会儿再追赶另一个倒霉蛋。

猎豹真的不可接近吗？那也不见得。信不信由你，古时候还有人驯养了猎豹，当作特殊的宠物和猎狗呢。

猎豹短距离冲刺天下第一，跑车也不是它的对手。

非洲肯尼亚，野生猎豹。
（陈一年 /CTPphoto/FOTOE）

为了挑逗猎豹赛跑，我驾驶着跑车，车上吊挂着一只活羊，故意大肆声张，笔直朝它开去，引起它的注意。

噢，其实不消招惹它，它早就看见我了。只见它两眼放光，弓起身子做好起跑的准备。仅仅一眨眼间，它就已放开四只脚，跳过面前的几道灌木丛，猛地向我的跑车冲过来。我做梦也想不到，它的反应竟这样快，来势这样猛，急得手忙脚乱，连忙掉转车头加速飞跑。我把车速加大到每小时 100 千米、120 千米、150 千米。它竟以更大的速度追赶上来，一下子就从落后的状态，追到和跑车平行。

啊呀！我甚至看清楚它的眼睛里冒出的两股凶光，感受到它那咻咻的急促呼吸。生死攸关的时刻到来了，我再也不敢和它继续比赛，只好向空中掩护的直升机发出求援的信号。说时迟，那时快，身边的猎豹正转身扑上来，空中的直升机已经到我头顶了。眼见猎豹睁着血红的眼睛蹦跳起来了，直升机来不及在地面降落接应我，慌里慌张缒落下一根绳子。当我抓住绳子悬吊起来的时候，猎豹已经够着了我的脚跟，趴掉了一只鞋子。

往下还有什么？我终于战战兢兢攀上了直升机。下面失控的跑车叽里咕噜翻倒了。紧接着，传来一声凄厉的羊叫……

穿海员衫的斑马

斑马呀斑马，你的模样儿真奇怪呀！

你穿着一件横条的海员衫，真的是习惯了风浪的水手吗？

噢，不。斑马和大海沾不上一丁点儿关系。如果要找海里的马，就去找海马。

斑马呀斑马，你穿一件与众不同的衣服，总得说清楚原因呀！你是不是赶浪潮的时髦青年，用这样扯动人们眼球的服装，来表现自己的个性解放，好像嬉皮士一样？

啊，可别这样讲。斑马老老实实的，和街头的嬉皮士沾不上一丁点儿边。它和其他的马兄弟不同，披着这样的服装，有一肚子吐不完的苦水呀。

斑马穿这身横条衫，不是为了好看，这是它的伪装服。说起来，和适于森林和沙漠作战，不同的绿色、黄色斑块的野战服装一模一样。

斑马啊斑马，你不是战士，为什么要穿这种伪装服？难道你也想打最可恨的大狮子的埋伏，冷不丁冲出去，踢它一脚、咬它一口吗？

喔，它没有吃过豹子胆，可没有这样的勇气。它见着狮子，逃跑还来不及，怎么敢对狮子打一个伏击战？

情况恰恰相反。这是为了躲过狮子的视线，不得已在身上长着一根根条纹，迷惑敌人，保护自己呀。斑马生活在草原上，这儿常常生长着一片片高草。它只消藏在里面不动，狮子就不容易发现它了。

话说到这里，必须赶紧补充一句。如果远远看见狮子走过来，只要时间来得及，还是

> **小知识**
>
> 斑马身上的条纹是迷惑敌人的伪装。许多弱小动物都有同样的伪装，斑马是最好的代表。

斑马和黑斑羚，东非肯尼亚马赛马拉草原。（董建民/FOTOE）

早些脚底揩油赶快跑保险得多。用这种伪装服保护自己，只是没有办法的办法。万一走到身边的狮子不是近视眼，可就糟糕啦。

斑马是非洲的特产。非洲斑马并不都是一样的。不同的地区有不同的种类。其中有常见的普通斑马、细纹斑马、山斑马。

普通斑马主要生活在坦桑尼亚草原上。

细纹斑马主要生活在肯尼亚北部、索马里和埃塞俄比亚。山斑马生活在南非。

南非还有另外一种特殊的拟斑马。虽然它们身上都有条纹，可是由于环境不同，条纹的粗细和颜色有一些差别。

伦盖火山的伪装

2008年3月，坦桑尼亚传出一个消息，伦盖火山喷出了一大股浓烟，翻翻滚滚升上天空，给湛蓝的天空抹了浓浓的一笔。

这是火山神用天空做黑板，书写的一句警告语吧？

是啊，伦盖这个名字，本身就是"神灵"的意思。当地人崇拜它、畏惧它，把它当作心目中最威严的神祇。它一旦发出怒吼，可就要小心啦。

在科学家的眼睛里，这座火山具有另一种特殊意义。

请注意看它的山顶吧。远远看去，它的山顶一片白色，在热带骄阳下，闪烁着银白色的耀眼亮光，十分引人注目。那是冰雪吧？一般人必定会这样猜想。不，在科学家的眼睛里，这却大有文章。

它的海拔只有2878米，几乎只有附近的一些雪山一半高，高度仅仅与它们半山腰的森林地带相当，怎么可能积雪结冰呢？

不是冰雪，是什么？这就得仔细研究了。科学家看来看去，发现了秘密。原来山顶白色的东西是火山喷发物，压根儿就不是外面冷凝的冰雪。

喔，想不到是这么一回事，岂不又引出了另一个有趣的问题：火山内部是一团火，只能喷出熊熊火焰，难道还能够喷出冷冰冰的冰雪不成？

科学家爬上山顶仔细一看，这才看清楚，原来这是从火山口里喷发出来的厚厚一层火山灰呀！白色的火山灰衬托着乌黑的熔岩，特别显眼，从山下望去就像堆积的冰雪。

啊哈！这座火山披了一件伪装衣，不知骗了多少人的眼睛。

火山灰怎么会是白的？化学分析得出了结果，原来这座火山与众不同，喷出的物质里含有大量碳酸盐。其中的碳酸钠就是白亮亮的呀。这是一座罕见的喷出碳酸盐类岩浆的火山。仅仅从这一点来说，它就很了不起。

火山下的银月亮

有记者约了一帮专家前去考察伦盖火山，他们还没有爬上山，就在山脚平原上远远瞧见一个奇怪的东西。

这个东西什么模样？孤单单、银亮亮的，摆放在绿色的草地上，十分显眼。有个随行的小朋友惊喜地叫了起来："啊！飞碟。"他的爸爸马上说："现实生活里哪有什么飞碟，是汽车拉力赛的一辆银色跑车吧？"

记者一想，这话也许是对的，就说："非洲经常举办汽车拉力赛，完全有这个可能。只不过它为什么停住不动，是不是发生了故障，或者赛车选手中了暑？"

有个教授握着望远镜看一眼说："谁说它抛锚了？它还在动呢！"

不看不知道，一看吓一跳。记者拭一下眼睛，再仔细一看。可不是吗，只见它的顶部和两侧有一些模模糊糊的光影，真的像是在缓慢移动。

得啦，别出洋相了。那不是外星人的飞碟，也不是汽车拉力赛的跑车，是一个普通的新月形沙丘。

撒哈拉大沙漠里，新月形沙丘有的是，总是层层叠叠密集分布。为什么这里只有孤零零一个，莫不是掉队的？不，沙多，沙丘才多。这里是大草原，压根儿就不是沙漠，怎么会有连绵不绝的沙丘？

沙丘都是黄的，为什么这个沙丘是白的？我们已经在前面说过了，伦盖火山的火山灰有些特别，含有许多碳酸盐类的成分。这是含碳酸盐类的火山灰的颜色，当然就不是土黄色，而是白色了。

为什么远远看去，这个沙丘上面显示出一派模模糊糊的光影？原来这是风吹着沙子运动。风总是把向风坡的沙子搬运到背风坡堆积，沙丘就这样缓慢移动了。

火烈鸟的天堂

　　春天来了，纳库鲁湖热闹起来了。原本静悄悄的湖上，忽然变得色彩缤纷，活像老式的黑白电影镜头，一下子转切为彩色画面。

　　哟，这是怎么一回事？

　　啊，原来是远方的火烈鸟飞回来了。

火烈鸟家园，东非肯尼亚纳库鲁湖。（董建民/FOTOE）

小知识

纳库鲁湖在肯尼亚境内，位于肯尼亚第三大城纳库鲁市的南边。这个湖也因此而得名。可是今天人们只记得纳库鲁湖，反倒把城市本身忘记了。

为什么这样？因为它是非洲的第一个鸟类保护国家公园，自然名声远扬了。

纳库鲁湖国家公园主要的鸟类是火烈鸟，大有200多万只，占世界火烈鸟总数的三分之一。只凭这一点，就足够出尽风头了。让我们给它改一个名字，叫作火烈鸟公园，一点也不错。

火烈鸟，听着这个名字就像一团火。

不，它更像红色的云彩。它从不单飞，总是成群活动。当成百上千只火烈鸟从天空中飞下来，收起翅膀降落在湖面上，又飞着叫着，相互追逐着，不时升上高高的空中，天地间顿时泛起一派粉红色，活像飞动的火焰、飘浮的云霞，让纳库鲁湖上的风景显得更加鲜艳好看，岂不像一部生动的彩色电影吗？

火烈鸟，这个名字真好！人们只记住它这个名字，不知道它还有别的名字。有人叫它红鹤，有人叫它红鹳、火鹤。它的模样儿的确和仙鹤、鹳鸟差不多。S形弯曲的长脖子，又细又长的腿，披着一身洁白泛红的羽毛，动作优雅地在空中飞翔，慢吞吞在浅水池沼里散步，显示出一副神仙气派。

它飞翔的本领很高明，飞起来的时候，把脖子和腿伸展为一条直线，像一条条红线从碧蓝的天空中掠过，好看极了。

猛一看，它不仅羽毛发红，脚和蹼也是红的。人们在它的名字上加一个"火"或者"红"字，似乎一点也不错。

火烈鸟真的周身通红吗？却又不是了。

仔细看它，其实红色并不是它本来的颜色，而是从食物里来的。它喜欢吃的东西里含有红色的色素，在身体里逐渐积累起来，就会使羽毛慢慢变红。当它换羽毛的时候，旧羽毛脱落了，新羽毛刚刚长出来就是洁白的。那时候的它，就配不上"火"呀"红"呀了。

噢，火烈鸟，想不到它还是神奇的变色魔术师呢。

纳库鲁湖上有了火烈鸟，被称为"火光永不熄灭"的奇观。

雨神山的真面目

鲁文佐里，掀起你的盖头吧。

鲁文佐里是谁，是一个害羞的新娘吗？

噢，不是的。这是藏在非洲腹地的一座山。

鲁文佐里山坐落在乌干达和刚果交界的地方。其实人们早就知道它了。公元前4世纪，古希腊学者亚里士多德就提到非洲中部有一座"银山"，另一个古希腊地理学家托勒密把它叫作月亮山脉，都抓住了它闪光的特点。

山，就是山，为什么还要掀起盖头呢？难道它真的是一个姑娘的化身，不好意思让别人瞧见她的面孔吗？

高耸入云的斯坦利山。（视觉中国供稿）

小知识

鲁文佐里不仅仅是一座山，还是一条很长的山脉。人们为了纪念斯坦利，就把它的最高峰命名为斯坦利山，海拔 5119 米，是赤道附近的一座高大的雪山。鲁文佐里和有名的乞力马扎罗山不同。后者是一个积雪的火山锥，它却是断块隆起形成的山地。它的存在，是大裂谷断块激烈活动的另一个证据。

高高的鲁文佐里山闪烁的亮光，不仅来自山峰的冰雪，它本身的岩石也闪闪发光。原来这是花岗岩中的大量云母片在阳光下闪光，给整个山增添了光彩，奇异极了。

噢，山就是山嘛，为什么老是姑娘姑娘的。鲁文佐里的盖头是云雾。叫它掀起盖头，就是云开雾散呀。

说鲁文佐里山老是蒙罩着盖头，不是无缘无故开玩笑。因为它一年中竟有 300 多天云遮雾绕，简直和害羞的新娘一个样。

美丽的新娘掀起盖头会赢得一片喝彩，鲁文佐里山也是一样的。1888 年，著名探险家斯坦利来到这里，正愁瞧不见它的真面目，忽然云开雾散，山峰一下子显现出来。见多识广的斯坦利惊呆了，禁不住赞叹："它的一座山峰接一座山峰，从黑云后面涌现出来，直到最后雪山显现，真是一种宏伟壮丽的奇观，深深打动了我的心弦。"

斯坦利被它迷住了，就用当地的班图语给它命名为鲁文佐里，就是"雨神"的意思。

为什么鲁文佐里山的云雾这么多？因为这里特别潮湿呀。潮湿多雨的气候，给植物生长提供了良好条件，加上许多特殊的动物，是一个神秘的野生动植物园。这里有三个人高的山梗菜、12 米高的石南属植物、海绵状的青苔，还有罕见的蹄兔、黑白疣猴、手臂一样长的巨型蚯蚓等珍奇动植物。只是来看一看它们，也是值得的。

"千丘之国"卢旺达

这里是卢旺达，这里是非洲大陆腹地。这里没有大平原，这里没有太高的山。到处一片绿，也没有光秃秃的荒原。

虽然这里没有太高的山，可也是丘陵一片。到处都是起伏和缓的低丘，一个个十分圆浑，披盖着绿幽幽的森林，看起来一点也不险峻。顺着平缓的山坡，很容易就能登上这些小山峰。噢，请别小看了这些不起眼的低丘。仔细测量一下它们的高度就会吓一跳。原来它们的海拔都超过了 1000 米，有的地方接近 2000 米，总的地势并不算很低。只不过从坡脚到坡顶之间的相对高度不大，给人以小小丘陵的感觉。

好一个小小丘陵。地势高，爬坡却不算太高。高高的地势，加上浓密的森林，热带太阳的威力也会减少几分。低地的山坡，爬着不费劲。

地质学家说，这是一片高原上的低矮丘陵呀！这里是东非高原的延续部分，难怪不是山国，却有几分山国的意味。人们说，这里是"千丘之国"，这就对了。

卢旺达真的没有大山吗？也不是的，有一条山脉从北到南贯穿了全国。坐落在卢旺达和刚果边界的最高峰卡里辛比火山海拔 4507 米，傲然屹立在群山之间，是卢旺达的烟囱。有山，就有水。由于卢旺达的地势西高东低，它的东南部海拔在 1000 米以下，有许多湖泊和沼泽，还有一条条河流，水网非常稠密。其中，最有名的是卡盖拉河。西部的基伍湖也很有名气。卡盖拉河经过的山谷，有许多野生动物，是卢旺达的国家公园。在这儿观赏动物，再好也没有了。

卡盖拉国家公园里，有大大小小 22 个湖泊。湖中有岛，岛上有湖，自然景观非常奇特。野生动物很多，是非洲有名的野生动物园之一。

燃烧的湖泊

俗话说，水能克火。我从来没有听说过火在水上也能燃烧。

可我的一个朋友笑嘻嘻告诉我："信不信由你，世界上也有水上燃烧的怪事。"

基伍湖美丽风光。（视觉中国供稿）

这是真的吗？我紧紧盯住他的眼睛，怀疑他故意开玩笑。

"我可没有骗你。"他说，"不信，以后找准了机会，你自己跟我去看吧。"

我从他的眼睛里看不出一丁点儿慌乱的表情，也不像喝醉的样子。他是诚实的。可是一个诚实的人为什么会说出这样的话，简直像接连喝了一大瓶二锅头。

我相信了他，却依旧保留着怀疑。

现在该轮着他盯着我看了。他说："我知道你心里想些什么，不让你亲眼看见这件事，你不会真正相信我的话。不过，我得看准了时间才行。"

这又奇怪了，如果真有这回事，马上就去看呀。为什么还要看时间、找机会呢？我心里有些纳闷，却只好由着他，任随他安排。

一天过去了，两天过去了，一个月过去了，一年、两年也过去了。我把他的话当成开玩笑，早就忘记得干干净净了。

有一天，他忽然对我说："走吧，我们去看一个湖泊燃烧。"

为了证实他说得不错，我俩立刻笔直飞往遥远的非洲，直达这个神秘大陆的腹地，来到刚果和卢旺达边界的基伍湖。

这是一个山中湖泊。四周都是山，风光非常美丽，似乎和别的湖泊没有两样。可是当我转过身子朝另一个角落望去时，就一下子怔住了。

啊呀！湖上真的燃着熊熊大火，一点也不假。滚烫的热气迎面扑来，仿佛会烧着我们的身子。

咦，这是怎么一回事？再一看，这才看清楚。原来是湖边一座火山喷发，炽烈

小知识

　　基伍湖位于东非大裂谷的西支，也是一个断层陷落而成的湖泊。北边被火山喷发物堵塞，和爱德华湖隔开，南边通过一条河和坦噶尼喀湖相连。它的旁边有一座活火山。当火山喷发的时候，燃烧的熔岩流进湖里，就会在湖上燃烧起来。地质学家说，这个湖本身就是熔岩流堵塞形成的。

　　第二件事也是真的。因为基伍湖底蕴藏着大量沼气。沼气可以燃烧，难道这不是尽人皆知的事实吗？有时候可以点燃沼气，形成水火也能够相容的奇观。

的熔岩流顺着山坡淌下来，一直流进湖里，就使湖面燃烧起来了。难怪这个朋友要等时间、找机会。他等待的是火山喷发的时候呀。

　　我撇了一下嘴角说："这有什么稀奇，我还以为湖水真的可以燃烧呢。"

　　他笑着说："你不相信，我再从湖底取火给你看吧。"

　　我们离开了火山岩浆流进湖的地方，走到这个大湖的另一个角落。他弯下身子东闻闻、西嗅嗅，仿佛在寻找什么特殊气息似的。

　　我笑了，嘲讽他说："你闻什么呀，难道水里藏着一个打开的煤气罐吗？"

　　他没有回答我，继续在湖边嗅闻着。一会儿，我们走到一个半封闭的湖湾面前，他好像闻着什么不平常的气味，十分诡秘地笑了一下说："就在这儿试一试吧。"

　　往下的事情就简单了。他用一根长长的铁管放下水，不知怎么捣腾了一阵子，慢慢提起铁管，紧紧贴着水面，啪的一下打开打火机。怪事发生了，那根铁管的管口突然呼的一下蹿起一股火焰，似乎就在湖面燃烧起来了。

　　我简直不相信自己的眼睛了，怀疑是不是看走了眼，心里想，难道湖底不是水，而是装满了汽油吗？

雷鸣之烟

莫西奥图尼亚，听着这个名字，耳畔仿佛响起了一阵阵如雷般的轰鸣。只觉得耳膜不停震颤，整个天地也发出了共鸣。

莫西奥图尼亚是什么？这是雷神的名字吗？是一个敲响的传统非洲战鼓吗？

噢，不是的，不过倒有一些相似的含意。这是自古以来居住在这里的赞比亚人取的名字，意思是"雷鸣之烟"。附近的津巴布韦人也取了一个名字，叫作曼吉昂冬尼亚，也包含着同样的意思。

你看，赞比亚人和津巴布韦人取的名字尽管发音不一样，含意却完全相同，都是对大自然力量的衷心赞颂。

后来英国人自称发现了它，因此有"理由"占领它，用当时英国女王维多利亚的名字给它命名，就象征着占领的意思。尽管这个名字印在一本又一本西方的地图和书籍里广泛流传，我却不喜欢这个名字。因为这包含着殖民主义的恶臭，不是对大自然本身的歌颂。孩子们，你们挑选什么名字呢？

莫西奥图尼亚到底是什么？

原来这是一道巨大的瀑布。

莫西奥图尼亚瀑布位于赞比西河中游，赞比亚和津巴布韦交界的地方。宽阔的赞比西河浩浩荡荡流到这里，从一道乌黑的玄武岩崖壁上排山倒海般翻滚下去，形成了这个大瀑布。轰鸣声响震耳欲聋，强

小知识

莫西奥图尼亚瀑布生成于一道断裂带上，声响和水雾老远就能感受到，是当之无愧的非洲瀑布冠军。

　　维多利亚瀑布位于非洲赞比西河的中游，赞比亚与津巴布韦接壤处。瀑布宽 1700 余米，最高处 108 米，宽度和高度是尼亚加拉瀑布的两倍。年平均流量约 934 立方米／秒。瀑布落下时声如雷鸣，当地居民称之为"莫西奥图尼亚"。（张国声 /FOTOE）

烈的威慑力使人不敢来到它的身旁。

　　这个瀑布有 108 米高、1690 米宽，景观非常壮丽，是非洲最大的瀑布，也是世界上最大和最壮观的瀑布之一。水雾可以飞溅到 300 多米的高空，蒙蒙水雾上映现的彩虹，远隔 20 千米也能看见。瀑布水跌落进深深的峡谷里，生成一个名叫"沸腾锅"的巨大旋涡，发出巨大声响，使人头晕目

眩，然后顺着 70 多千米长的之字形峡谷继续往下流去。

这个大瀑布被四个岩岛分为五段。从西到东分别为最气势磅礴的魔鬼瀑布、最宽的主瀑布、新月形的马蹄瀑布、最深的彩虹瀑布、雨季挂满千万条素练般的东瀑布。无论它的整体，还是它的一个个部分，都非常壮观，1989 年被列入《世界遗产名录》。

它整日整夜轰隆隆作响，冲卷起高高的水雾。关于它，有一个古老的传说。

据说，瀑布的深潭下面，每天都有一群美丽的姑娘，日夜不停地敲着巨大的黄金鼓，发出震耳的咚咚声，变成了瀑布的轰鸣。姑娘们身上的五彩衣裳的光芒，被瀑布反射到天上，映着太阳光化为美丽的彩虹。姑娘们快速舞蹈的脚步溅起的水花，变成了漫天的云雾。

听吧，这就是对这个大瀑布的响声、水色和水雾的完满解释，真富有诗意呀！

莫西奥图尼亚瀑布的声音和水雾，真的像"雷鸣之烟"。附近一些部落都把它当作神灵的化身，不敢随便走到跟前。每年都要宰杀黑牛祭神，对它无限崇拜尊敬。

世外桃源 "月亮国"

月亮在哪里？月亮在哪方？

印度洋里有一个"月亮国"，隔着一道宽阔的海峡，和非洲大陆遥遥相望。

这个"月亮国"的月光特别明亮吗？

不啊，月光普照四方，公平分给每一个角落，不会厚此薄彼，把一个地方照耀得特别亮。

地名资料库

马达加斯加 阿拉伯人是古代西印度洋的主人，到达并开发了许多地方。早在 10 世纪时，阿拉伯航海家就到达这里，留下了许多名称，其中之一的意思是"月亮"，所以马达加斯加又叫"月亮国"。中国古代把它叫作昆仑层期国，就是阿拉伯人取的一个名字的译音。

马达加斯加这个名字，是西方人的错误理解。1500 年 8 月，葡萄牙航海家来到这里，回去向国王汇报。这个国王自以为是，认为这就是马可·波罗到达过的摩加迪沙王国，又错误拼写为马达加斯加，一错再错，不仅反映出他们无知，也充分表现了他们的狂妄自大。

这个"月亮国"是弯弯的月儿形状吗？

也不呀，它的外形不圆也不弯。为什么叫作"月亮国"，是历史的原因，那是古代阿拉伯航海家取的名字。

月亮在哪里？月亮在哪方？

神秘的"月亮国"是什么地方？

那就是马达加斯加呀。

马达加斯加岛位于印度洋西南部，面积 62.7 万平方千米，是世界第四大岛。甚至有人说，这是世界第八大陆。

这里位于热带范围内，

南回归线从它的南部穿过，一年四季
都特别热。由于面对开阔的印度洋，
整年都在东南信风的羽翼下面，不仅
高温，而且多雨。年降水量不仅超过
2500毫米，而且季节分配均匀，所以

小知识

马达加斯加岛早就和非洲
大陆分开，是珍贵的动植物避
难所。

它朝向东边的迎风坡，形成了典型的热带雨林景观，背风坡分布着热带稀
树草原。

在这样的环境里，热带动植物特别丰富。特别值得一提的是，这个大
岛早在1.4亿年前，侏罗纪刚刚结束，白垩纪还没有开始的时候，就从非
洲分离出来，所以保留了许多古老的物种，其中包括好几十种狐猴和变色
龙，以及许多在别的地方早就绝灭了的动植物种属。说它是不沉的诺亚方
舟，天生的生物避难所，一点也不错。

马达加斯加隔着莫桑比克海峡和非洲大陆相望。多亏了这道海峡，造
就了马达加斯加的特殊性。

这条不可逾越的鸿沟阻挡了非洲大陆上凶猛野兽的脚步，不管是狮子
王还是大象，也无法闯过深深的海峡，到这里来施展威风。这里保留了许
许多多古老的物种，是名副其实的世外桃源。

月亮在哪里？月亮在哪方？

月亮似乎真的偏心眼儿呢，对这个非洲海外的"月亮国"特别照顾，
保存了弱肉强食世界之外的一块净土。

狐猴的画像

喔，这是什么东西？它的身子和手脚像猴子，嘴脸像狐狸，也像狗，牙齿像老鼠，两只圆圆的大耳朵像蝙蝠。猛一看，它还有一些儿像猫，整个就是一个四不像，活像用许多动物的零件拼凑起来的东西。

有趣的还有它那长长的尾巴，上面套着一圈圈白色和黑色的花纹。猴子哪有这样花里胡哨的尾巴？倒又有些像号称九节狼的小熊猫的尾巴了。只不过它的尾巴细，小熊猫的尾巴粗些罢了。

这是科幻小说里的外星动物吗？

不，这是马达加斯加岛上的狐猴。

狐猴是一种罕见的猴子，是灵长目中最原始的动物之一。它仅仅分布在马达加斯加和附近一些岛屿上。古生物学家说，从前世界上别的地方也有它们的踪迹，生活在热带雨林里，后来几乎完全从地球上消失了，只在远离大陆的马达加斯加岛上才得到避难所，和整个世界断绝了联系。到这里来看狐猴，就像参观史前动物园呀。

狐猴的种类很多，有的大，有的小。最常见的是环尾狐猴，还有只有几寸长的猴，叫"老鼠狐猴"。狐猴习惯住在树上，夜里活动。

狐猴呀狐猴。一个"狐"字加一个"猴"字，就把它刻画得清清楚楚啦。

噢，只是"狐"和"猴"两个字，还不能把它描述清楚。它的一些动作很像猫，还得加一个"猫"字，才能更好地形容它。

这就说完了吗？

还没有完呢。它十分轻快地在树上蹦上蹦下，也有些像松鼠。如果再加上松鼠的元素，它就更加像拼凑的动物了。

看吧，这儿就有一群狐猴。有的在树上，有的在树下，瞪着一双圆溜

节尾狐猴，灵长目狐猴科，主要食物：花果、嫩叶，分布于马达加斯加岛，其尾上有显著的黑白相间的环纹。（洪保平 /FOTOE）

溜的大眼睛，翘着尖尖的嘴巴，模样儿非常滑稽。

　　猴子一家的，总是猴子的脾气。它可不独来独往，喜欢聚集在一起，老是打打闹闹的，不肯老老实实歇一会儿。有时候它们挤成一团，伸出长长的尾巴，互相纠缠成一堆，好像一团乱麻绳，分不清哪个是哪个的尾巴，真有趣呀。

　　狐猴吃什么东西？它最喜欢吃的是水果、嫩树叶，也喜欢吃小虫子，偶尔也抓几只小鸟吃。放心吧，它不会咬人，尽管到这儿来逗它玩吧。

　　它特别喜欢晒太阳。瞧它弓着背脊，伸手伸脚地享受太阳的温暖，又像海滩上进行日光浴的游客呢。

"水树" 旅人蕉

长途跋涉的人们头顶火辣辣的烈日，在荒野里找不到一口水喝。

渴啊！渴啊！

放眼朝周围看，眼睛望酸了，也望不见一口水井、一个池塘、一条河。

水啊！水啊！解渴的清泉在什么角落？

啊，朋友，别担心，别害怕。身边就有水呀，够你慢慢喝。

转过身子朝四面八方看。咦，除

旅人蕉，别名扇芭蕉，常绿乔木，多年生草本植物，叶片硕大奇异，状如芭蕉，左右排列，对称均匀。叶柄底部有一个酷似汤匙的"贮水器"，可以贮藏好几斤水，在这个位置上划开一个小口子，清凉甘甜的泉水便涌出，供人们畅饮。这个"水龙头"拧开后会自动关闭，一天后又可为旅行者提供饮水。因此，人们又称旅人蕉为"贮水之树""旅行家树""水树""沙漠甘泉""救命之树"等。原产非洲马达加斯加岛，深受当地人喜爱，被誉为"国树"。（祁恩芝／FOTOE）

了一棵棵树，什么也没有呀。难道树根下面藏着清泉，要耐心往下挖掘吗？

热带的旅人蕉和芭蕉是一家子，叶柄可以贮藏好几斤水，是活的"水塔"。

不是的。如果渴得受不了，还能叫你再出一身汗，吭哧吭哧费力挖土吗？水就藏在面前那些高大的树身里，只需要向它索取就得啦。

这是什么树？

这是热带地方的旅人蕉。一听这个名字，就知道它和旅行者有不解之缘。

旅人蕉非常高大，一般高约 10 米。直立不分叉的树干上，没有横向伸展的树枝，只是最上面生长着折扇一样的树叶，外形非常好看。

噢，可得说清楚。别老是"树干""树枝""树叶"地挂在嘴里随便说。请记住啦，这不是真正的树，而是草。

啊，你说什么？这么高一棵树，怎么可能是一根草？

植物学家说："一点也不错。别瞧它长得那样高、那样大，它真的不是树，而是一种常绿乔木状多年生草本植物。说得简单些，就是芭蕉的亲戚。"

一般的旅行者可不管它是树还是草，或者说得文绉绉的，说成像树的草本植物，因为它能够提供饮水，便十分亲昵地把它叫作"水树""旅行家树""救命树"。

旅人蕉又叫扇芭蕉，原产马达加斯加岛，深受当地人喜爱，大家一致同意，选择它做这个岛国的"国树"。

它的叶子好像一把把摊开的绿色折扇，又像神奇的孔雀开屏，和一般的树叶大不相同。仔细看，叶柄底部有一个活像大汤匙的"贮水器"。只消在这里划开一个小小的口子，就会流出甘甜的清水，足够过路人解渴了。

旅人蕉呀旅人蕉，既装点了风景，又可以给人们遮阴，想不到还能帮助人们解渴，真是活脱脱的"天然饮水站"。

世界最长的海峡

啊，莫桑比克海峡，东非的海上走廊。

无论从北向南驶往好望角，还是从南向北到红海和阿拉伯海，都必须经过这个地方。

啊，莫桑比克海峡，往昔曾经闪耀过多少荣光。

郑和船队下西洋，就曾经到这儿拜访。

葡萄牙航海家绕过好望角，也曾经经过这里，试图探寻遥远的富饶东方。

啊，莫桑比克海峡，波斯湾来的巨大油轮、鹿特丹来的集装箱船，都要经过这里，来来往往无限繁忙。

苏伊士运河不能代替它。因为那人工开辟的河道太窄太浅，怎么能够和它相比。

辽阔的印度洋不能代替它。因为洋面风浪太大，加上一片迷迷茫茫，怎么比得上这条避风的海上走廊。

人们说，这儿是非洲的马六甲海峡，一点也不错。

莫桑比克海峡很长，从头到尾有 1670 千米，比马六甲海峡长两倍多，是全世界最长的海峡，名副其实的世界冠军。

莫桑比克海峡很宽，平均宽度 450 千米。北端最宽处达到 960 千米，最窄的地方也有 386 千米，有马六甲海峡的十多倍宽。和世界上别的海峡相比，也位居前列，仅仅次于南美洲的德雷克海峡，

地名资料库

莫桑比克 非洲东南部的国家，它的名字来源于 13 世纪当地一个国王。有人又说，这是当地语"光明到来"之意。

是世界亚军。

莫桑比克海峡很深，平均水深大约3000米。南边出口的地方，最深的地方有3520米，有马六甲海峡的七倍深，还是仅次于南美洲的德雷克海峡、台湾岛和菲律宾中间的巴士海峡，说什么也是世界季军。

小知识

莫桑比克海峡不仅最长，也很宽很深，自古以来就是沟通东西方的海上走廊。

瞧，一个世界冠军，一个世界亚军，再加一个世界季军。金、银、铜牌都得到了，真够神气呀！

莫桑比克海峡是断裂活动形成的，是两边抬升、中间沉降的一个巨大地堑。

它的一边是非洲大陆，一边是马达加斯加岛，是从南大西洋到印度洋的海上交通要道。

在苏伊士运河开凿以前，更是从欧洲到东方去的必经之路。它的南段全年盛行东南信风，北段冬季盛行东北风。

在古时候的帆船时代，吹进海峡的风都能引带着来往船只，在海峡里顺利进出。两边的优良港口也不少，对海上交通的帮助更大了。

这个长长的海峡两头宽，中间窄，两头深，中间浅，是一条又长又宽的深水海峡。

由于位处热带，气候湿热，那里还有许多珊瑚礁。不消说，各种各样的鱼儿更多了。

拉蒂迈鱼的故事

1938 年 12 月 22 日，圣诞节转眼就要到了。南非罗兹大学的一个生物解剖学教授的助手拉蒂迈小姐，按照通常的习惯到海边的渔港去，在渔民的筐子里翻翻找找，看是不是可以找到一条鱼带回去做解剖实验。

她翻来翻去，忽然一条鱼吸引了她的注意。别的鱼鳍都直接长在鱼身上，可是这条鱼的鳍却与众不同，而是长在一条条腿儿似的附肢上。

啊，这是怎么一回事？她一下子就认识到这条鱼的重要性，这岂不是四足类脊椎动物起源于鱼形脊椎动物的证据吗？

她毫不犹豫就买了这条鱼带回去研究。要知道，南半球的圣诞节和北半球正好相反。北半球雪花飘飘，这里却是火热的夏天。这条海鱼出水后早就死了，怎么能够完好保存，可是一个难题。

拉蒂迈鱼标本，时代：现生，产地：科摩罗群岛，中国古动物馆古脊椎动物馆。（杨兴斌 /FOTOE）

可惜呀！实在太可惜。由于节日即将来临，实验室已经关门了，一时找不到防腐剂，不能够保存这条极其珍贵的鱼，她只好像腌咸鱼一样，用盐把它里里外外涂抹了一层。

唉，这样的防腐办法实在太落后了。好不容易

盼到圣诞节过后，实验室重新开门，主持工作的教授度假回来。拉蒂迈小姐高高兴兴拿出鱼，一下子傻了眼。只见好好的鱼已经脱水变干，几乎只剩下鱼皮和鱼刺，变成一条真正的咸鱼了。

眼见这副模样，教授又心疼又后悔，要是不过这个圣诞节就好了。他立刻进行研究，确定这是生活在 1.2 亿年前的白垩纪早期、过去认为早已灭绝了的活化石。教授为了表彰拉蒂迈小姐的功劳，就把它命名为拉蒂迈鱼。

不过他也没有完全丧失信心。这里有一条拉蒂迈鱼，必定还有第二条，只不过难找而已。为了继续寻找，他立刻登报悬赏征求。可是拉蒂迈鱼毕竟太稀罕了，直到 14 年后，渔民才在马达加斯加岛西北方向，科摩罗群岛的安朱安岛附近海域里捕到了第二条拉蒂迈鱼。

这一次惊动了整个世界。南非总理立刻派军舰和军用飞机前往，像迎接贵宾似的，小心翼翼运回这条珍贵的鱼。总理亲自到机场迎接。当他目睹这条鱼的时候，情不自禁说的第一句话是："噢，我们的祖先原来是这个样子。"

海峡大门的 "灯塔"

航运繁忙的莫桑比克海峡北口，时不时冒出一股鲜红的火焰，伴随着烟雾在海平面上时隐时现，老远就能看见，好像一个天然的灯塔，引导来往船只航行。水手们都非常熟悉它，把它当作最好的航行标记。

这是一座真正的灯塔吗？

不是的，原来这是一座活火山。火山喷发的时候，胜过人间的灯塔，就是最好的导航标志了。

小知识

> **科摩罗** 这是阿拉伯语 "月亮" 的意思，所以科摩罗又叫 "月亮国"。位于莫桑比克海峡北口的科摩罗群岛有四个岛，总面积 2236 平方千米。其中马约特岛是法国领土，剩下三个岛都属于科摩罗伊斯兰联邦共和国，一个岛就是一个省，倒也干脆利落。大科摩罗岛是科摩罗群岛中最大的一个。
>
> 这四个岛都是火山岛，到处都是活火山和死火山。它不仅是一个岛国，也是不折不扣的火山之国。
>
> 这个群岛与东边的马达加斯加岛、西边非洲大陆的莫桑比克，距离几乎完全相等。它不仅有一座活火山，冒出火焰和黑烟，给来往船只引航，还是莫桑比克海峡的守门神。

这座火山有多高，为什么远远就能看见？

这是大科摩罗岛上的卡尔塔拉火山，海拔 2361 米。在大陆腹地，这样的高度也许不算啥，可是在海上高高耸起就非常引人注意了。

这座火山不仅是大科摩罗岛的最高峰，也是科摩罗全国的最高峰，可神气啦。

它张着朝天的大嘴巴，时不时升起一缕缕青烟，表明自己并没有打瞌睡，顺便给海上的船只指引方向。这个嘴巴真大呀！直径有 3.2 千米，绕着它走一圈有 15 千

大科摩罗岛上的村庄。（视觉中国供稿）

米。想一想，如果它轰的一声爆发起来，该会多么吓人。

卡尔塔拉火山的脾气很大，动不动就冒火冒烟。仅仅在1900至1965年间，它就喷发了11次。

最近一次活动是2005年4月17日。那一天，火山口忽然冒出滚滚黑色浓烟。烟雾笼罩着天空，吓得人们赶快逃命。

到了晚上，它终于耐不住了，伴随着惊天动地的巨响，无数火山灰和巨大的石块一下子迸射出来。

空气里弥漫着呛人的浓烟，滚烫的熔岩流像火蛇一样，慢慢从山顶爬出来，一直伸展到山下，好不容易才慢慢熄灭。

伊甸园的样板

毛里求斯，印度洋里的极乐园。

毛里求斯，这个岛的名字曾经变了好几次。公元 10 世纪前，阿拉伯人最初来到这里，给它取名迪那—阿鲁比，就是"货币之岛"的意思，又可以理解为"银岛"。1505 年葡萄牙商人刚到这里，瞧见岛上的蝙蝠很多，把它叫作蝙蝠岛。1598 年，荷兰殖民者占领了这个地方，就用当时南非一个荷兰总督莫里斯王子的名字给它命名，这个名字又逐渐变成了毛里求斯。1715 年，法国占领这里，还曾经取名法兰西岛。我国古代根据毛里求斯的名字，翻译为妙哩士。

这里远离喧嚣的大陆，在茫茫无边的大洋里。四周蓝色的波浪翻翻滚滚，岛上到处开放着鲜花，空气特别新鲜。难怪当年马克·吐温来到这儿，

毛里求斯东海岸。（佚名 /FOTOE）

116

忍不住赞叹："上帝先创造了毛里求斯，再仿造毛里求斯创造了伊甸园。"

人们喜爱这儿什么？就是它那宁静的气氛。

沿着林中小路漫无目的地散步，很快就会在林子里迷路。

毛里求斯共和国位于印度洋西南部，由毛里求斯主岛、罗德里格斯岛、阿加荣加群岛和卡加多斯群岛组成，总面积2040平方千米。其中，毛里求斯岛就占了总国土面积的90%以上。这些岛屿都是火山岛，周围环绕着珊瑚礁和潟湖，海岸线非常曲折，有许多优良的港湾。毛里求斯远离大陆，是大洋腹心的原始天地，保存着许多奇异的树木和花卉。

在这儿迷路一点也不用害怕。这里没有凶猛的野兽，一切都是和平无害的。跟着一只只迎风飞舞的小蝴蝶往前走吧，你会走进森林深处，迎面看见一个清亮的水潭，或者一道哗啦哗啦响的小瀑布。要不，还会一下子拐进甘蔗田，感受一种特有的甜香气息；没准儿又会回到海岸边，重新观看椰林、礁石、白浪花。

人们喜爱这儿什么？喜爱的是这里看不完的奇花异草。

孤悬洋心的毛里求斯，不受外界影响，有的是奇异的花卉。最吸引人的是世界上最大的莲花，叶片巨大的王莲。它的叶子直径一般在2米左右，完全可以承受一个初生的婴儿。没准儿这就是大自然老人专门为孩子设计的特殊水上摇篮吧，让孩子刚生下来就感受到花的芬芳和水的柔情，培育幼小的纯洁心灵。

这儿的棕榈树也与众不同。其中有一种上百年才开一次花。它的花很大很大，据说是世界上最大的花朵。花开的那一天，树也就悄悄枯死了。

啊，这是老树毕生的精力，完全贡献给了这朵花。多么执着、多么深情啊。难怪开放的花那样灿烂迷人。

这儿的气候也有特殊的气质。每天下午总会下一场雨。雨后天空特别晴朗，常常会浮现一道彩虹，笼罩着整个岛屿。天空、大海和岛屿连接在一起，似乎可以沿着虹桥走进天堂，这才真的是人间的伊甸园。

笨笨鸟的悲歌

16世纪，葡萄牙人在印度洋上的毛里求斯岛登陆，瞧见一群群从来没有见过的怪鸟。

说它奇怪，首先就是大得奇怪，模样儿和习惯也很古怪。

它们的个儿很大，比普通的鸟儿大得多。别说一般的麻雀、乌鸦和鸡、鸭比不上，就是雄鹅和大雁也比它小。它的身长大约有1米，体重至少有30千克，撒开脚丫子在树林里和草地上到处奔跑，从来也不飞起来。

它是鸟儿，为什么不飞上天？因为它的翅膀很小呀，和庞大的身体相比，小得简直不成比例，好像只是陪衬的装饰品。

这种只会跑、不会飞的大鸟，和鸵鸟一样吗？

也不是的。说它大，怎么也比不上鸵鸟。它没有鸵鸟一样的长脚，个儿也没有鸵鸟高，当然也没有鸵鸟跑得快啰。它只用两只短短的脚，支撑着巨大的身子，慢吞吞迈开步子跑，模样儿非常可笑。

这到底是什么鸟儿呢？葡萄牙人瞧它笨头笨脑的样子，就给它取名渡渡鸟。"渡渡"是葡萄牙话，就是"笨笨"的意思。渡渡鸟，就是笨笨鸟啰。

这种笨笨鸟一身都是肉，跑得慢，也没有防身的本领，不怕敌人一口吞了它吗？

放心吧。远离大陆的毛里求斯岛上，没有凶猛的野兽，好像世外桃源。它的祖祖辈辈在这里生活了一代又一代，从来没有少一根羽毛，有什么好怕的？

唉，凶狠的敌人终于出现了，渡渡鸟的好日子到头了。这个平静的海岛上，就要演出一场可怕的流血惨剧了。

> **小知识**
>
> 渡渡鸟不会飞，只会慢慢跑，可惜统统被人们吃光了。

《鸟群》，1628年，佛兰德斯画家诺兰特·塞维里绘。图中下方天鹅旁边的是渡渡鸟。（诺兰特·塞维里/FOTOE）

它的克星就是船上走下来的这些两脚动物呀。因为渡渡鸟实在太笨了，葡萄牙水手们不费吹灰之力就抓住几只，拔光羽毛煮来吃掉。虽然它的肉有些粗糙，却别有滋味呢。这种笨笨鸟有的是，乐坏了上岸的水手们。后来这里成为放逐流放犯的地方。囚犯们无事可做的时候，就抓渡渡鸟吃。

吃呀！吃呀！岛上的渡渡鸟越来越少，终于在200年前死光了。

无知的人类是渡渡鸟的杀手。最后一只渡渡鸟是17世纪末死的，当人们想起应该保护它的时候已经晚了，现在只能在博物馆里才能看见它的骨架和模型。

人们开始怀念它了。毛里求斯的国徽上就有一只可爱的渡渡鸟，全国最大的娱乐场所也叫作渡渡鸟俱乐部。

渡渡鸟的悲剧是愚昧的人们造成的，一个珍奇的物种就这样被贪吃的嘴巴消灭了，应该引为惨痛的教训。

重量级的海椰子

很早很早以前，印度洋上流传着一个神奇的传说。据说，印度西海岸和一些海岛的岸边，经常漂来一些神秘的椰子，有面盆那么大。这种椰子和常见的椰子不一样，外壳非常坚硬，滋味也特别好。谁也没有见过这种椰子，不知道是从哪儿来的。

人们猜，没准儿是从海底世界来的吧？很深很深的大洋深处，必定有许多海底树。这种不知来历的大椰子，就是从那儿来的。它成熟后，从海底树上落下来，被波浪带到了岸边。因为它来自大海，人们干脆就把它叫作海椰子。

时间一年年过去，海椰子的来历依旧是一个谜。直到 1609 年，有人在印度洋的另一边，距离非洲大陆不远的塞舌尔群岛的普拉兰岛上，发现了它的母树，才揭破了海底树的神话，知道了这种海椰子的真正来历。

海椰子大，它的母树也大，有二三十米高，相当于十层楼房的高度。只是这一点，就远远超过了一般椰树，显得十分神奇，难怪人们把它称为"树中之象"。

海椰子的树叶也大，有两三米宽，七八米长，外形好像扇子。最大的树叶达到 27 平方米。只用三张树叶，就能盖一间茅屋。

请问，世界上哪有这样大的树叶？

小知识

海椰子是塞舌尔的特产。生长缓慢，花、果、树叶都特别大。

它的果子也很大，横宽可以达到 50 厘米。外面包裹着一层海绵状的纤维质外壳，剥开外壳就是里面的坚果了。整个果子有 25 千克重，剥掉外壳也有 15 千克，真是果子之王。

海椰子，塞舌尔普拉兰岛独有特产，是生物进化的活化石，是世界最大、最重的种子，果实呈椭圆状，直径约 70 厘米。树干光洁，高大挺拔，树高达 30 多米，是世界上最高的树种之一。生长速度缓慢，能存活千年。幼树要经过 25 年才开花结果，可连续结果 850 年。一棵树一次结果几十个，果实重达 20 至 30 千克不等，"最重的椰子"海椰子果实要经过 8 年才会成熟。（王商林／FOTOE）

海椰子之谜揭破了，另一个相关的神话又传开了。有人说它包治百病，有人说它可以使人长生不老，海椰子一下子身价百倍。当时的德国皇帝甚至拿出 120 千克黄金，换一碗海椰子的浆液吃。

海椰子也是棕榈科植物，却比同科所有的果子大得多。这种树很奇怪，分为雌雄两种，总是紧紧挨靠着生长，地下的根也紧紧缠在一起。雄树非常高大，雌树比较小，生长速度都很缓慢，要 25 年才能成熟。雄树每次只开一朵花，有 1 米多长，也大得出奇。雌树的花受粉两年后才能结出很小的果子。果子成熟又要七八年时间，真慢呀。据说，它的寿命可以达到上千年，可以连续结果 850 多年，真是植物界的老寿星。

海椰子是塞舌尔共和国的"国宝"，不准随便出口。这个国家庄严的国徽上，也有一个海椰子，是这个印度洋岛国的骄傲。

骑着象龟慢慢爬

好玩，真好玩。我骑着一只龟，慢悠悠在沙滩上爬来爬去。它从东爬到西，从西爬到东，背上驮着我，一点也不累。在沙滩上玩腻了，它也能啪嗒啪嗒走进沼泽，好像一只圆圆的筏子，踩着浅浅的水慢慢往前走。

啊呀呀！世界上哪有这样圆溜溜的筏子？也没有披着"铁甲"的筏子呀。这哪是什么龟，简直是水陆两用坦克了。

嘻嘻，这是真的吗？只听说过骑马、骑驴、骑骆驼、骑大象，还没有听说过骑乌龟。小小的乌龟，怎么能够骑？准是骗人的，谁也不会相信。

信不信由你，这可是真的。这不是平常的小小乌龟，是大大的象龟。

听着象龟这个名字，就可以想象它是怎么一回事啦。

象龟到底有多大？

让我们量一下它的背壳吧。从头到尾一般都有 1 米多长，最大的超过 1.7 米，简直像一张圆桌，可以摆开一桌酒席了。它的身子大约好几百千克重，比一只大肥猪还重呢。我们可以爬上桌子，难道不能骑着一只同样的象龟慢慢爬吗？

有人做过实验，即使两个人骑在它的背上，它连气也不

小知识

象龟是陆龟的一种，除了南美洲的加拉帕戈斯群岛，非洲也有它的踪迹。非洲东南面的印度洋里的一些岛屿就曾经是象龟的乐园。可惜由于它的肉滋味很美，殖民者到来时，对象龟肆意残杀，甚至针对它可以忍耐饥饿的特点，抓捕到船上当作活罐头，把毛里求斯岛、塞舍尔群岛的象龟屠杀得干干净净。现在只剩下塞舍尔西南边的阿尔达布拉群岛还保留着一些。象龟现在被列入《濒危野生动植物种国际贸易公约》的附录名单，终于得到了保护。

北京自然博物馆达尔文展览展品，加拉帕戈斯象龟模型。（王琼/FOTOE）

喘一下，照样能够接着往前爬。如果来一次骑象龟比赛，一定非常有趣。

象龟的名字不是随随便便取的，它还真的有些像大象呢。只看它的四条又粗又壮的腿儿，就很像大象腿，只不过短一点而已。

人们读过龟兔赛跑的故事，必定认为象龟的动作也很缓慢，准爬不了多远。

才不呢。象龟可不是一动不动的懒汉，一口气爬好几千米根本不算一回事。

为什么象龟爬这样远？是为了找东西吃，找水喝呀！它最喜欢吃汁水多的仙人掌，也吃青草和野果子。如果食物充分，放开肚皮吃，一天可以吃十多千克。一个地方哪有那么多的仙人掌？就得到处去找了。它虽然生活在海岛上，却只喝淡水，不喝海水。岛上的淡水不多，也得走很远的路去找，随便走好几千米，也不在话下。实在找不到东西吃，也没有水喝，长时间不吃不喝，也不会饿死渴死，这就是它的特殊本领。

有关它的有趣事情还多呢。因为它一旦喝水就猛喝一通，把大量的水储藏在膀胱里。当地人遇到缺水，就把象龟膀胱里的水放出来使用。它的龟壳又大又硬，还有一个妙用，干脆就用来做婴儿的摇篮。

世界最小的怪猴子

密密的树枝树叶里，露出一张奇怪的猫面孔，瞪着两只圆溜溜的大眼睛东看西看，不知道是什么东西。

这是一只流浪猫吗？

别性急，它还没有完全露出来。只凭一张脸还不能看清楚到底是什么动物。

一会儿，它又露出两只又大又圆的耳朵，活像一只蝙蝠。

真的是蝙蝠吗？

也不是的，世界上怎么会有猫脸蝙蝠呢？

瞧呀，它的脸和耳朵都不见了，猛地一下露出了大半截身子，活像一只老鼠。

真的是老鼠吗？

又不对了。它的身子一闪就转过去了，露出一根毛茸茸的大尾巴，和松鼠尾巴一模一样。

哈哈，原来是松鼠呀！

仔细一想，也不对呀。松鼠怎么会有一张猫脸、两个蝙蝠耳朵呢？

这也不是，那也不是，到底是什么？我正在纳闷，那根大尾巴又不见了，树叶缝隙里忽然悄悄伸出一根奇怪的手指。

这根手指实在太古怪了，又长又细，活像一根干瘪瘪的小树棍儿。到底是不是手指，还需要

小知识

马达加斯加的指猴是濒临绝种的珍稀动物。它叫这个名字，并不是只有手指那样小，而是有一根古里古怪的中指，虽然不好看，却很有用处。

仔细看一看。

喔，这也不是树棍儿。

瞧，它正在轻轻拨动一下，又一下。如果真是树棍儿，怎么会动呢？

是不是风吹着这根小树棍儿晃动？

不，这会儿没有风，树叶也没有动一下，不是风吹的。

是不是谁躲在后面，手里拿着这根小树棍儿动？

是啊，这倒是有可能

马达加斯加岛上的指猴。（视觉中国供稿）

的。让我们耐心慢慢看吧，到底还会有什么动静。

我正想着，树叶里伸出了一只手，简直和人手一模一样。旁边几根手指短，中间一根特别长，就是那根"树棍儿"。

最后，它完全跳出来了，原来是一只猴子呀！

由于这种奇怪的猴子的中指像树枝，就叫作指猴，生活在马达加斯加的热带雨林里。指猴是世界上最小的猴子，最小的只有 50 克重。

别瞧它那根小树棍儿一样的中指很古怪，它全靠这个手指找东西吃呢。它伸着又细又长的中指东敲敲、西敲敲，看树皮下面有没有空洞，再贴着耳朵仔细听。如果里面有虫发出响声，就把树皮咬一个小洞，用小树棍儿一样的中指把虫抠出来。它吃水果也用中指先抠一个洞，再挖出甜滋滋的果肉慢慢吃。

指猴虽然是非常珍奇的动物，可是当地人不喜欢它。它的样子太难看，黄色眼珠在夜色中发出神秘的幽光，像鬼怪一样一跳一跳地走路。它的叫声太悲惨，好像哭一样，令人汗毛直竖。所以，人们错误认为它会带来坏运气，见着它就毫不客气杀死，现在剩下的指猴已经很少了。

中非"水蟒"刚果河

刚果河,黑沉沉的大河。

说得不错啊,它真是黑沉沉的,世界上独一无二的黑河。尽管它的河水清亮亮的,水面却总是浮泛着一派奇异的黑色光波。任何人第一眼看它,都会觉得它带着一些说不清道不明的黑色。为什么这个样子?因为它从密密的热带丛林里流过,是丛林的阴影投在水波上吧?是丰富的腐殖质浸染了河水吧?

黑色的河,黑色的丛林,两岸居住着同样黝黑皮肤的黑人,留下了无数传奇的民间故事,无数反抗殖民者、勇敢争取独立自由的英雄诗篇。这岂不使人倍加尊敬,更加喜爱它的这个高贵的颜色?

刚果河,神秘的大河。

自古以来它的名字就是神秘莫测的代名词,外来者很少敢于冒里冒失闯进去。号称胆大包天的英国探险家利文斯通,走到这里也不敢继续深入,掉转身子回去了。

刚果河的神秘性,在于它和原始丛林的紧密结合。河分不开林,林分不开河,林子也分不开隐藏得深深的鸟兽,它们相互紧密纠缠,有说不完的大自然秘密。

刚果河,宽阔的大河。

刚果河河面很宽很宽,刚果河河水很深很深,宽阔得几乎难以测度,深沉得几乎无法丈量。有的地方仅仅只有 1 千

小知识

刚果河水量巨大,水力资源丰富。按照长度看,它是非洲第二大河。如果按照水量算,它就是当之无愧的老大啦。刚果,这是当地一个古代王国的名称。也有一个说法,认为在当地语言里是"山脉"或者"河"的意思。

19 世纪末，法国米宗中尉在非洲刚果河上游探险，原载 1892 年 7 月法国《小报》。（文化传播/FOTOE）

米宽，有的地方却超过 10 千米，一眼望不见对岸。有的地方只有十来米深，有的地方却超过了 70 米，天生就是鱼龙深藏的渊潭。宽窄深浅变化不定的性质，更加增添了它的神秘成分，让它显得无法捉摸。

刚果河，力大无穷的河。

它的力量是什么？就是河水本身呀。刚果河水滚滚滔滔，好像一条巨大的水蟒，蕴含了无穷的力量。这就是水力资源呀！一旦全部开发出来，就会照亮所有的丛林，使世界大吃一惊。

刚果河，又叫扎伊尔河，发源于赞比亚北部高原，全长 4370 千米，是非洲第二大河。它刚刚出世之初，还是一条貌不惊人的小河，叫作钱贝西河；接着穿过一片沼泽和一系列瀑布，似乎从幼年进入了成年，才改称刚果河。

这条大河流动的轨迹很不平常，从北方的高原进入低洼平坦的刚果盆地里，慢悠悠绕了一个巨大的弧形，接纳了许多大大小小的支流，水量越来越大，终于成为一条大河。

由于它位于多雨的热带，水分补充充分，所以它的流量不仅非常巨大，也非常稳定，一年之内变化不大。它的河口年平均流量每秒 39000 立方米，远远超过了非洲其他河流，尼罗河也没法和它相比。由于它来势汹汹，把海水冲淡。它一直冲流进大海里距离河口 75 千米的地方，那儿的海水也不是咸的，变成了淡水呢。更加奇特的是，它还有一条藏在水下的"尾巴"。那是海底的溺谷，就是它水下的河槽呀！

大花脸猴子

啊呀！可不得了。森林里跳出来一个大花脸，把过路的人吓了一大跳。

你看它，血红的鼻子，靛蓝色的脸，鼻梁两边有许多蓝得透紫的褶皱，长得花里胡哨的。只是这张面孔，就能叫人吓掉魂。

你看它，它看你，看得你汗毛直竖。

它的眉骨高，眼窝深，鼓着两只橙黄色的眼珠，死死盯住人，不把人一下子吓死，也会吓得半死。

再看它，嘴巴上长着白胡子，下巴上却挂着一撮黄毛。头顶上的毛高高竖起，活脱脱一副怒发冲冠的样子，好像和谁过不去似的。谁还敢招惹它吗？

不消说，它周身长满了毛，想不到却露出光屁股。屁股也是红通通的，和脸上的颜色一模一样。给人一个感觉，它从头到尾都染满了鲜血。不知这是它的本来面目，还是吃人残留下的鲜血。只凭着这一点，就可以推想这家伙必定非常凶狠。

是呀，它不仅样子很恐怖，脾气也暴躁得很，动不动就龇牙咧嘴，露出尖尖的牙齿，对着人怪声咆哮，样子凶极了。

啊，这是谁呀？是不是画一个大花脸、拦路打劫的强盗？这样吓唬别人，也保护自己，不露出真面目。

不对啊，强盗怎么会是这个样子。不可能全身长满毛，光着屁股出来打劫，岂不丢尽了自己的脸。

这是不是一个恶鬼，才会这

小知识

大花脸山魈脾气和力气都很大，是杂食性的动物。

山魈，猴科动物。（林辉 /FOTOE）

个样子?

哈哈！世界上根本就没有鬼。再说，亮堂堂的大白天，也不会有鬼钻出来呀。

不是强盗，也不是鬼，到底是什么东西？

原来这是一个花脸大猴子，和我们见惯的猴子不一样。它的名字叫山魈，是非洲特有的凶猛动物。

山魈体格健壮，力大无穷，常常成群结队住在热带雨林里。虽然它和猴子是亲戚，却不像猴子一样喜欢爬树，而是在平地上活动。它不仅力气大，还会扔石头，遇着狮子、豹子也不怕，反倒是狮子怕它。

山魈并不是吃人的魔鬼，吃的是嫩树枝、树叶、野果子，也喜欢吃小鸟、老鼠、青蛙和蛇。信不信由你，有时候它还抓别的猴子来吃呢。

几内亚湾，骄傲的黑人海湾

翻开非洲地图看，一眼就瞧见一个大海湾。

这是几内亚湾。

几内亚湾，世界最大的海湾。

它西起利比里亚的帕尔马斯角，东到加蓬的洛佩斯角，划了一个巨大的弧形，海岸线很长很长。尼日尔河三角洲伸出来，又把整个大海湾分为西部的贝宁湾和东部的邦尼湾。贝宁湾一片开阔。邦尼湾里和南边的海上，藏着一串火山岛弧，那是比奥科、普林西比、圣多美等美丽的岛屿。

几内亚湾，热带阳光下的海湾。

火辣辣的赤道从这里穿过，慈爱的太阳神伸出发烫的手指，轻轻抚摸着大海和

小知识

几内亚湾是世界最大的赤道海湾，热带动植物资源非常丰富。几内亚，这是"黑人的土地"的意思，另一个说法是"妇女"之意。

海岸，给予最宠爱的土地和子民以最大的温暖。

这里真热啊！那是太阳神深深的爱。热有几分，爱就有几分。

啊，谁说太阳神是公正的？看来他也有一些偏心眼。

瞧吧，这漫山遍野、绿葱葱的热带雨林；瞧吧，好像珍贵的乌檀木般的黑人皮肤。所有的这一切，岂不就是最好的证明？

几内亚湾，富庶的海湾。

这里有无数珍贵的热带林木，这里有可可、咖啡、油棕和天然橡胶四大热带经济作物。这里有黄金、宝石、铜、铁、铀、铝土和石油。靠海就说海，更加甭提温暖的海水里有多少游来游去的鱼群了。

西非几内亚湾风光。（黄旭/FOTOE）

几内亚湾，浸满了往昔辛酸眼泪的海湾。

15世纪，葡萄牙殖民者带着大炮和皮鞭来到这里，后来西班牙、荷兰、法国和英国殖民者也跟着来了，在这里留下了"奴隶海岸""黄金海岸""象牙海岸""胡椒海岸"等屈辱的名字。听一听这些名字吧，就能想象过去的日子多么悲惨，仿佛还能听见空中挥舞的皮鞭的声音、黑人奴隶的悲号。

几内亚湾，骄傲自豪的海湾。

古时候，这里是强大的加纳王国和马里王国的所在地，虽然后来被殖民者侵占，当地人民经过不懈努力，争取独立自由的斗争终于取得了胜利。受尽屈辱的黑人站起来了，成立了自己的国家。掰着手指数一数，海湾沿岸的国家有利比里亚、科特迪瓦、加纳、多哥、贝宁、尼日利亚、喀麦隆、赤道几内亚、加蓬，以及海湾里的岛国圣多美和普林西比。一面面骄傲的旗帜迎风飘扬，有更加美好的明天。

几内亚湾的面积有153.3平方千米，平均水深2960米，最大水深6363米。这里地处北纬0到4度的赤道带，属于典型热带雨林气候，全年高温多雨。陆地和海上的降水量也很大，加上几内亚暖流自西向东流来，使气候更加温暖潮湿。

雨水多，沿岸的河流也多。这里有沃尔特河、尼日尔河、萨纳加河和奥果韦河等大河流进来，不仅冲淡了海水，使海湾里的生态环境更加复杂，生成了大面积的红树林，河水还带来了大量有机质，引诱来大量鱼群，形成有名的渔场。不消说，热带丛林里，珍稀动物种类也很多。

几内亚湾并不是一条简简单单的地图上的弧线，它的结构也很复杂。沃尔特河口以西是堆积海岸，散布着许多广阔的沙滩和潟湖；河口以东是下沉海岸，景观就不一样了。这里沿岸有许多优良的港口，包括阿比让、阿克拉、洛美、波多诺伏、拉各斯等。

"热带蒸笼"圣多美

滚烫的赤道穿过"非洲的腋窝"几内亚湾，几内亚湾上有两个斜着排列的小岛。西南边一个是圣多美，东北边一个是普林西比。圣多美正好在赤道上，普林西比也只不过距离赤道 150 千米左右，都在赤道太阳的照射下。不消说，这儿有的是阳光资源，适合热带雨林生长。小小的岛上一片片密密的丛林，生长得非常茂盛，只是这里太热、太热，外来的游客有些受不了。

圣多美和普林西比的风光实在太好了，不管天气有多热，也没有人们的好奇心热。一批又一批游客，总是从世界四面八方拥来。

圣多美和普林西比到底有多热？听一听圣多美的绰号"热带蒸笼"，就可以大致想象了。

啊呀！热带已经叫人吃不消了，再加上"蒸笼"这个形容词，几乎会使人晕倒。这儿准是整天热气腾腾，好像洗桑拿浴一样。怕热的胖子最好不要来，要来也得带一把大扇子，能够弄到孙悟空向铁扇公主借的芭蕉扇最好。胆小的人有些害怕了，不禁会问：赤道上的这两个小岛真的那样热吗？如果真是这么一回事，就得改变计划，干脆到南极大陆看企鹅了。

噢，不，虽然这儿有这个绰号，却并不是真正的蒸笼。这儿生活着十多万人，他们祖祖辈辈都在岛上扎根，让他们搬家还不愿意呢。每年到这里来的游客很多，谁也没有被"热带蒸笼"这个火辣辣的绰号吓倒。

请问，圣多美和普林西比到底

小知识

赤道地带不一定都很热，地形和雨量决定了实际气温变化，圣多美和普林西比就是最好的例子。

有多热?

　　说它们热,的确有些热。说它们不算太热,也真的不太热。这里有些地方热,有些地方不热。

　　听了这样的解释,外来的游客还是有些迷迷糊糊,得进一步把话说清楚才行。东打听、西打听不管用,还是听一听当地气象台的报告吧。

　　气象台说:"大家放心吧,我们这里不是到处一样热。虽然沿海的年平均温度是25℃,山区只有17℃。不仅不热,还很凉爽呢。"

　　说得对呀。原来这两个岛的中央都是山。圣多美岛上的同名山峰海拔2024米,普林西比岛上的同名山峰也有948米高。山中林木茂盛,气温比沿海平原低得多。每年最热的时候,从附近的热带国家赶来避暑的游客,多得使旅馆爆满。用熙熙攘攘来形容,一点也不过分。

　　噢,明白了。这儿虽然在赤道上,由于地形高低不同,气候条件也不同。

　　气象台说:"我的话还没有说完呢。尽管这里有些热,只要下雨就不热了。"

　　这话也对呀!虽然赤道上不分春夏秋冬,似乎整年都一样热,可是不同的季节雨水的多少,就决定了当时到底热不热。

　　这两个小岛周围都是大海,处在西非多雨区内。岛上的山峰迎着西南方向来的湿热气流,能够形成地形雨,年降水量达到3800毫米。圣多美岛的西南部迎风坡上,甚至达到7000毫米。哗啦啦的瓢泼大雨,一下子就把赤道太阳的热力镇住了。

　　根据雨水多少不同,这里可以分为三个季节。3到5月是大雨季,6到9月是旱季,10到12月是小雨季。剩下的1到2月,是雨季和旱季过渡的季节。请你牢牢记住了,只要避开闷热的旱季,那个真正的"蒸笼"季节,其他什么时候到圣多美和普林西比来旅游,管保都会满意。

　　几内亚湾里的这两个岛屿,加上其他14个小岛,共同组成圣多美和普林西比民主共和国,首都就是圣多美。它的国旗上有两颗黑色五角星,就是黑人居住的这两个岛屿。这儿盛产可可、椰子、咖啡、油棕,也很有名气呢。

犀牛背上的骑士

世界上骑什么动物最神气？

骑马吗？

噢，骑马太平常了。谁都能骑马，有什么好吹的。

骑骆驼吗？

这也平平常常的，不值得吹牛。

干脆骑牛吧。

那是放牛娃干的，也很平常啊。

在犀牛背上觅食寄生虫的犀牛鸟。（蔡憬/FOTOE）

小知识

> 犀牛鸟啄犀牛皮肤里的小虫子吃，还会发出警报，是犀牛的好朋友。

那就骑驴好了。

小媳妇和农村老太太才骑驴，有什么神气的。

这也不行，那也不行，到底骑什么动物才最神气？

非洲有一种小鸟骑大犀牛，那才叫神气呢！

瞧，它骑着大犀牛慢慢走过来了。大犀牛一摇一摆的，一点也不觉得有什么不好。小鸟在它的背上跳跳蹦蹦，一点也不害怕。

小兔子远远看见大犀牛，还没有看见小鸟，吓得转身就跑，慌里慌张地边跑边喊："可不得了，一个大家伙来了。"

大犀牛背上的小鸟招呼它："别跑呀，有什么好怕的。"

小兔子说："你不怕吗？大犀牛会一口吃掉你。"

小鸟一听就乐了，告诉它："这是我的好朋友大犀牛，才不会咬我呢。"

小兔子不相信，说："你别吹牛啦，大犀牛准会一口吃掉你。如果我不赶快逃跑，连我也会被吞进肚子。"

小鸟安慰它说："不会的，它只吃草，不吃肉，从来没有吃过兔子肉。"

小兔子还有些不放心地说："就算它不吃兔子肉，也会一脚踩死我。"

小鸟说："放心吧，它的心肠可好啦。它是我的好朋友，难道我不了解它的脾气吗？"

小兔子说："你别吹牛啦，那么大的犀牛，怎么会和你做朋友？"

小鸟说："信不信由你，我这不是正骑着它到处玩吗？"

这只小鸟真了不起，骑着大犀牛到处走，才是世界上最神奇的骑士。

这是非洲的犀牛鸟，喜欢在犀牛的皮肤里啄小虫子吃。犀牛的皮肤上有许多皱褶，一些寄生虫和蚊子钻进去，吸犀牛的血。犀牛又痒又痛，一点办法也没有。犀牛鸟飞来啄这些小虫子，犀牛觉得很舒服，高兴还来不及，怎么会咬它？犀牛是近视眼，看不清楚远处的东西，狮子来了也不知道。犀牛鸟瞧见了狮子和别的敌人，就会叽叽喳喳叫着飞起来，向自己的朋友报告。冲着这一点，犀牛也欢迎它给自己做伴。

刚果"恐龙"之谜

刚果的泰莱湖是人迹罕至的地方，周围上百平方千米范围内，布满了浓密的热带丛林和泥泞的沼泽地，通行十分困难，只有当地土著俾格米人偶尔进去打猎。他们的嘴里传出一个神秘的消息，一下子传遍了全球。

据说，林中藏着一种名叫"莫凯郎邦贝"的神秘动物。它的皮肤是红褐色的，有四头大象那样大。它的脑袋小、脖子长，拖着一根长尾巴，模样非常古怪。

听了这些传说，人们半信半疑，不禁会问，这是真的吗？俾格米人起誓：这绝对真实。他们世世代代居住在这里，不止一次看见过这个怪物。部落长老警告大家，千万别和它正面冲突，以免发生伤害事故。

可是传说归传说，由于缺乏实物证据，毕竟还不能就这样下结论。科学家和一些探险家决定亲自深入丛林，寻找更加可靠的证据。

1776 年，到这里来的一个法国传教士声称，在林中发现了一种又大又圆的奇怪脚印，就是这个神秘动物留下的。他研究了这些脚印说，没准儿这是一种蜥脚龙类的素食恐龙。

后来由黑人学者雷吉斯特兹率领的一支美国科学考察队，也来到这里深入湖区，曾经先后五次遇见这种怪兽，六次听见它的叫声。据他们描述，这种怪兽身长 10 到 15 米，从形态观察，的确很像恐龙。

也有人认为泰莱湖丛林范围狭小。即使有某种神秘动物存在，也很难长期繁殖直到今天。要说 6500 万年前的恐龙在这种环境里保存下来，是很难想象的事情。可是更多的人说，不管怎么说，无风不起浪，总不会完全没有一丁点儿影子吧？在没有找到实物根据以前，作任何结论都为时太早。让我们耐心等待吧，总有水落石出的一天。

黑猩猩上数学课

一个孩子对另一个孩子说："信不信由你，黑猩猩也会做数学题。"

那个孩子不相信，裂开嘴巴笑了："嘻嘻，黑猩猩也是猴子，还没有从猿进化成人，怎么懂得数学呢。"

头一个孩子说："这可是真的。书上写着的，黑猩猩真的会做数学题。"

第二个孩子说："好呀，你就叫它做一道题吧。"

头一个孩子在黑板上写了一道数学题：$1+1=?$

黑猩猩望着黑板，翻着白眼珠，一点表情也没有。哈哈！哈哈！第二个孩子笑疼了肚子。要让黑猩猩做数学题，岂不等于让牛去认歌曲的五线谱。这是根本办不到的事情。头一个孩子不死心，掏出一根香蕉，又掏出一根香蕉，叫黑猩猩算一算，面前有几根香蕉。

啊，想不到黑猩猩抓起香蕉就一根根塞进嘴巴，扮了一个鬼脸儿，好像回答说："一根香蕉再加一根香蕉，遇着咱们黑猩猩，统统等于零。"

哈哈！哈哈！第二个孩子笑得更加厉害了，边笑边说："别枉费心机啦。不管你给它几根香蕉，都等于零。"

头一个孩子还是不放弃。这一次，他给黑猩猩一根树枝，向它示意交换自己手里的香蕉；又给它一根树枝，交换第二根香蕉。

终于，黑猩猩一次次学会了，干脆抓了三根树枝，要向他换三根香蕉。头一个孩子得意地对第二个孩子说："瞧吧，黑猩猩懂得 $1+1+1=3$ 呢！"

小知识

聪明的黑猩猩经过严格训练，对付 $1+1=?$ 这样的数学题，简直是轻而易举。不过要用实物进行演算，它可不认识阿拉伯数字呀。

连通大西洋的多哥湖

人们说，到了多哥，不到多哥湖，等于没有到多哥。

多哥湖真有这么大的魔力吗？非得好好看一看不可。我刚下飞机，立刻就奔向多哥湖。

多哥湖在哪儿？它的大半个国土都是山丘。在我的想象中，这个有名的湖泊准藏在山的怀抱里，必定有美丽的湖光山色，想不到来到那儿一看，远处一片茫茫大海，这个湖竟在海边。

多哥湖边的度假别墅。（视觉中国供稿）

小知识

多哥 这是 600 多年前一个古代部落的名字。他们住在这个潟湖边，建立了许多村子。其中最大的一个就叫作多哥，就是"水边"的意思。潟湖是泥沙堆积的堤坝隔开大海形成的。

那是什么海？就是大西洋呀！

多哥湖和大西洋之间只隔着一道窄窄的堤坝，再也没有什么别的地物阻拦了。堤坝外面白浪滔天，发出哗啦哗啦的巨响。堤坝里面却是另一幅景象。湖水平平静静的，水面纹丝不动，活像一面拭擦得非常干净的镜子，映照着头顶的红日白云、岸边成排的高大绿椰树，风光非常美丽。

我有些迷糊了，手指着湖和海之间的堤坝问身边的当地人："那是人工修筑的吗？"

他告诉我："不，这是天然形成的。"

我越看越糊涂，到底是什么天然力量，堆砌了这道又窄又长的堤坝？我有些口渴了，瞧着面前清亮的湖水，忍不住趴下身子咕噜噜喝了一口。

呀，呸！还没有把水吞进肚子，我连忙又皱着眉头吐了出来。

咦，这是怎么一回事？这个湖的水怎么带着一股咸味儿？

站在旁边的那个当地人哈哈笑了，告诉我："这个湖和外面的大海是连通的，湖水当然也是咸的啰。"

这是真的吗？我有些不信，沿着隔开湖和海的堤坝一直走，前面果然有一个缺口。外面大西洋的海水，就是从这个口子倒灌进来的。

噢，这是什么湖？把我弄得好糊涂。

多哥湖是一个典型的潟湖。沿岸海流带着泥沙在一个海湾口堆积，沙堤越堆越长，几乎挡住了整个海湾口，只留下一丁点儿缺口。里面的海湾变成了一个和大海藕断丝连的湖泊，就叫作潟湖。潟湖外面的堤坝好像是一道天然防波堤，挡住了汹涌澎湃的海浪，里面却风平浪静，好像是两个天地。

阴险的非洲鳄

夏天的日子又热又长，热带非洲的夏天特别热、特别长。

在暖洋洋的夏日阳光下，热带非洲高原上的河水，流得特别慢，特别懒洋洋。

是啊，这儿一切都是懒洋洋的，水边一条鳄鱼也懒洋洋的，半浸进河水，半趴在沙滩上。猛一看，活像一根动也不动的木头。

夏天的日子真热，热带非洲的夏天特别热。火辣辣的太阳炙烤着大地，

向猎物发起攻击的非洲鳄。（视觉中国供稿）

小知识

在非洲大陆，除了沙漠和少数地方，几乎到处都有非洲鳄的踪影。鳄是爬行动物，不是鱼。非洲鳄的种类比亚洲鳄、美洲鳄都多，有尼罗河鳄、非洲矮鳄、非洲细嘴鳄、刚果矮鳄等。它们的性情都特别凶猛，个儿大的可以达到6米，身上有一条条暗色的横带纹。它们常常栖息在热带非洲的河流、湖泊、沼泽和湿地里。别瞧它们非常残暴，却常常和一种小小的千鸟共同生活在一起。千鸟钻进它们的嘴巴清理牙缝里的残渣，给它们解除痛苦，发现敌人过来，还能给它报信呢。

冒出丝丝袅袅的热气，仿佛蒸笼里冒出的热气。在这样热的天地里，什么动物也受不了，都想跑到有水的地方咕噜噜喝一口水。

几只胆小的野鹿悄悄跑过来，站在河岸上东看看、西看看，只看见静静的河水懒洋洋往前流，只看见水边泡着一根大木头，没有敌人的影子。

它们放心了，慢慢移动着步子走过来，低下头喝河水。鹿，毕竟是鹿，胆小机警是它们的天性。就算它们口渴得要命，不得不到这儿来喝水，也会在背脊上多长一只眼睛，不敢走得太远，随时留神周围的动静。稍微有一丁点儿响动，立刻转身就跑。

所有的鹿都选择了一片光秃秃的沙滩，站在水边喝水，做出随时可以逃跑的准备。只有一只小鹿踩着水走得远些，想独自在河心喝得痛痛快快，不知不觉靠近了那条趴着不动的鳄鱼。小鹿一点也没有觉察，水里有两只冷冰冰的眼睛正盯住它。

那条鳄鱼忽然动起来了，张开大嘴巴一口咬住可怜的小鹿，把它拖进水里，红红的血水立刻染红了河水。

燃烧的火焰木

　　这是加蓬的一家新旅馆，住满了四面八方来的游客。一扇扇窗户、一个个阳台，都正对着外面的山野，坐在屋子里就能欣赏室外的自然风景，真是太好了。

　　加蓬，这是葡萄牙人取的名字。1473 年，他们来到这里，瞧见加蓬河口好像葡萄牙水手穿的一种叫作"卡邦"的衣服，就把这里叫作这个名字。

　　一个游客站在窗边眺望，想把这儿的美丽风光看个够。他看呀看，忽然一下子喊叫起来："啊呀呀，可不得了，失火啦！"

　　喊声惊动了大家，人们一窝蜂拥到阳台上和窗口边，伸着脑袋朝外面探看，想弄明白到底发生了什么事情。不看不知道，一看吓一跳。只见远远的原野上，一

火焰木，紫葳科火焰树属植物。
（徐晔春/FOTOE）

143

小知识

火焰木开红花，能够接连开放好几个月。它的花朵朝上开放，能够在下雨的时候储水，不仅滋润自己，也能供人们使用。

棵棵树似乎都燃烧起来了，一派红通通的，好像熊熊燃烧的火焰，几乎染红了整个地平线。

这是山火燃烧吗？看样子火势不小。如果不赶快扑灭，后果不堪设想。

远方来的客人们几乎不相信自己的眼睛了，急得大声喊叫起来。他们立刻紧急行动，有的提水桶，有的端盆子，赶紧跑过去救火。谁知大家上气不接下气跑到跟前一看，一下子傻眼了。想不到树林好好的，压根儿就没有失火。

咦。这是怎么一回事？

大家仔细一看，才看出这是树上密密的猩红色花朵，原来是眼睛骗了自己。这种红花一开一大片。远远看去，就好像燃烧的火焰。

瞧着红艳艳的花，大家忍不住问："这是什么树，开这么红的花？"

当地人说："这就是火焰木呀！"

好一个火焰木，真的像熊熊烈火燃烧。

火焰木是热带非洲特有的常绿大树。树身很高，一般有三层楼那么高，高的还更高呢。在开阔的原野上，老远就能望见。它那鲜红色的花朵的确有些像燃烧的火焰，所以叫作这个名字。火焰木开花的时间很长，从春天到夏天，整整开放好几个月，是一道特殊的艳丽风景线，装点着景色单调的原野。

有趣的是，它还有一个名字叫作喷泉树。一会儿"火"，一会儿"水"，简直把人弄糊涂了。

为什么它会有喷泉树这个名字？原来和它的花朵形状有关系。它的花朵好像一口口口朝上的钟，里面装满了雨水，一下子洒下来，浇在过路人的身上，不仅很凉爽，还微微带着一些儿香气。在炎热的赤道地带，雨水浇泼在人们身上，再好也没有了。没准儿就是这个原因，加蓬人非常喜欢它，还把它当作国树呢。

非洲的水心脏

非洲有一个水心脏，正好位于非洲正中央。

这是乍得湖。说起这个湖，有许多话好讲。

它时而大，时而小，大小变化无常。最大的时候，湖面迅速扩大，可以达到 2.2 万平方千米。可是一场场雨过后，到了旱季就可怜了，面积会缩小一半以上。最近一些年头干旱严重，就缩得更小了。心脏岂不也是这样一收一缩的吗？只不过它膨胀收缩得更加厉害罢了。

当它积满了雨水，不断扩大的时候，只见眼前一派水茫茫，湖边长满芦苇和莎草，很有一番气势。可是雨季一过，湖边就露出大片大片泥滩。干旱季节泥土开裂，露出一条条横七竖八的裂缝，很难想象这就是一个大湖的湖底。为什么会这个样子？因为它紧紧挨靠着撒哈拉大沙漠，北边根本没有一条河流进来，只靠南边少数几条河，而蒸发十分强烈，怎么能够维持它的水分收支平衡？

乍得湖看着很大很大，只以为它很深很深，想不到靠近湖边的地方却很浅很浅。一些水鸟迈着长长的脚在水里走来走去，低着脑袋找鱼虾吃。孩子们也可以吧嗒吧嗒踩着水，快快活活玩耍。

噢，这个瞧着很大的湖，原来是一个浅盆子呀！可别小看了乍得湖，它也有光辉的历史呢。如果它会说话，就会骄傲地大声说："别以为我只是一个时大时小的湖。想当年，我也是海呢！"

它说得不错。大约 1 万多年

小知识

乍得湖是一个内陆湖，随着季节变化，湖面变化很大。在地质时期，它曾经是一个内海，也曾经连通尼罗河和尼日尔河，是纵贯非洲大陆的水上枢纽。

乍得湖黄昏风光。（视觉中国供稿）

以前，它是一个很大的内海。虽然后来逐渐变小了，也曾经三次扩大。最后一次在 5400 年前，面积达到 40 万平方千米，水深达到 160 多米，仅仅次于里海，是世界第二大湖。

它还会特别自傲地向世界宣告："想当年，在三四千年以前，我曾经上连尼罗河，下通尼日尔河，何等辉煌！"是啊，那时候它的确是尼罗河的源头，使非洲第一大河的长度增加了许多许多。是呀，它真的连通过尼罗河和尼日尔河，从东北到西南，贯穿了整个非洲大陆。

乍得，这个名字就是"水"的意思。仅仅一个"水"字，包含了"一片汪洋"的含意。这个名字非常简洁，取得多么好啊！

乍得湖位于乍得、尼日尔、尼日利亚、喀麦隆四国交界的地方，乍得盆地的中央，是非洲第四大湖。它的湖盆在一个凹陷盆地里，是地壳下陷逐渐积水而成的。

乍得湖的面积变化无常。平均水深只有 1.5 米，最深的地方也只有 12 米，靠近岸边的地方就很浅了。

有趣的是这里降水量很小，蒸发强烈，乍得湖却不是咸水湖，而是一个淡水湖。

西非"水长城"

黑人河啊黑人河，静悄悄从西非大地上流淌过。

它从西南向东北，再从西北到东南，绕了一个大圈子，浸润了大片土地，这才恋恋不舍离开美丽的黑非洲，流进了几内亚湾。

黑人河啊黑人河，为什么它不笔直奔流，非要绕这么大的弯？是不是它真的留恋这个地方，不愿意一下子就投入波涛汹涌的大海的怀抱？

黑人河啊黑人河，从南方绿色的山丘，向北一直流到黄色的撒哈拉面前。

它好像传说中古代部落里最勇敢的武士，手持长矛冲向咄咄逼人的大狮子，表现出大无畏的精神。

不，那不是狮子，是比狮子更加冷酷无情的撒哈拉。在风魔的驱赶下，撒哈拉不住地飞沙走石，铺展开一张黄色大地毯，毫不客气吞没周围的土地，谁也没法阻止它的脚步。

撒哈拉来了。随风飘扬的黄色尘暴，好像快速的尖兵，已经向富饶的西非大地递交了挑战书，气势汹汹要把这里一口吞掉。

撒哈拉来了。从大沙漠里九死一生回来的逃生者，带回来这个黄色魔鬼的消息，引起了一场恐慌。

部落的勇士，赶快出动吧，准备为保卫肥美的故乡一战。长老们赶快策划，快快想一个好办法。

黑人河挺身而出。它就是部落保护神的化身，勇敢地冲向撒哈拉，展示出骄傲的生命的波光，吓退了撒哈拉的脚步，

小知识

尼日尔河是西非母亲河，流经许多国家，浇灌了广阔的土地，也是防御撒哈拉沙漠南侵的天然防线。

使它永远也别想再前进一步。

　　噢，明白啦。南方流来的黑人河，为什么在西非大地上绕这么大一个圈子？就是为了阻挡恐怖的撒哈拉呀！

　　啊，知道了。亮晶晶的黑人河用自己的身子，布置了一道攻不破的"水长城"，忠心耿耿保卫着西非大地呀！

　　这里说的黑人河，就是西非第一大河尼日尔河。

1830年，英国探险家理查德·莱蒙·兰德顺尼日尔河而下，会见当地的部落首领。理查德·莱蒙·兰德（1804—1834），英国探险家。1830年，兰德和他的弟弟约翰带领英国探险队，从巴达格里（现属尼日利亚）出发，沿尼日尔河探险，成功到达河口几内亚湾，成为首批到达这里的欧洲人。（文化传播/FOTOE）

尼日尔河发源于几内亚佛塔扎隆高原的山谷里，蜿蜒流过几内亚、马里、尼日尔、贝宁和尼日利亚五国。它全长4197千米，是西非第一大河，非洲第三大河。它的支流好像毛细血管，还遍及科特迪瓦、布基纳法索、乍得和喀麦隆，几乎浸润了这儿的每一个角落。尼日尔和尼日利亚的名字，就是从它来的。

尼日尔河流域土地肥沃，盛产可可、咖啡、香蕉、花生，也有森林、草原分布。

尼日尔，就是"黑人"的意思。尼日尔河当然也就是"黑人河"啰。可是也有不同的解释，认为这是从古代图阿勒格人对它的称呼"埃格留·奈格留"变化而来的。

尼日尔河流过许多国家，不同的民族对它有不同的称呼。

尼日尔和尼日利亚境内的豪萨族把它叫作库阿拉河，"库阿拉"就是"巨大的河流"，直接歌颂它壮阔的水势。在它的最上游，哲尔马人把它叫作"伊萨贝里"，就是"河流之王"，也包含同样的意思。

几内亚人和马里人把它叫作"朱莉芭"。"芭"就是河。"朱莉"既有"伟大的血液"，又有"伟大的歌手"之意。前者就是说尼日尔河好像一道防卫撒哈拉大沙漠的"血管"，给辽阔的西非原野带来活命的水源；后者形容它的潺潺水声，好像歌手豪迈的歌唱，向人们诉说辉煌的过去，歌颂满怀希望的未来。

原野上的土柱子

　　一个导游带着一伙游客在非洲原野观光，抬头望见前面不远处高高耸起一根根黄色的土柱子。有的长，有的短，有的粗，有的细，有的上下一样粗，有的下面很大，上面却很小，不知道是什么东西。

非洲荒原上的白蚁柱。（视觉中国供稿）

一个游客不由惊呼一声："啊！这是坍废房屋的柱子呀！看来时间久远，必定是一个古代文明遗址。"

另一个神神道道的游客一拍大腿说："我远远望见这里一股紫气，用八卦一推算，得出了上上卦。想必是远古帝王之居，自然非同小可。我等此行收获大大，一旦发表出来，一定震动全球。"

话说至此，他转身指着导游说："若要世界知道，得要媒体宣传。此事就请你操办，也算酬谢你带我等来的一番美意。"

另一个游客却冷冷地说："先别忙，首先需要弄清事实。我看这些柱子全是泥土，可能形成于石器时代以前。想一想，当时哪有这样的智力和技术水准，能够建造出这种房屋？这件事还要仔细想一想，有没有可能是外星人的一个实验，是在他们的指导下，地球人发展的一种另类原始文明？"

这时，一个小老头插话道："先研究，后发言，才是正理。哪位帮助我拉皮尺，先测量清楚这些原始时代的土柱子到底有多长多高，这一片遗址的面积到底有多大。有了科学数据，才能说明问题。"

他这一番话句句在理。大家一起动手，开始测量这旷古未见的建筑奇迹。

啊呀！不知哪位不小心碰着土柱子，里面一下子飞出黑压压一大群奇怪昆虫。啊，原来是白蚁呀！

这是白蚁的窝，又叫蚁丘。白蚁窝和常见的蚂蚁窝不一样。蚂蚁窝在地下，白蚁窝有的在地下，有的在地上，上下连接在一起，好像一座带地下室的大厦。

蚁丘的结构非常复杂，好像一个大迷宫。里面的形状对称，富含有机物质，通道与巢室密布相连，同时还夹杂草、叶、茎干碎片，以及小圆石与细小木炭。这些柱子似的白蚁窝，能够经受风吹雨打也不垮，真是了不起的建筑奇迹。

一个国家一条河

一个国家一条河，一条河可不止一个国家。

请问，这是什么国家、什么河?

这是冈比亚。流过冈比亚的，只有一条冈比亚河。

这是真的吗? 我可要去看看这个国家、这条河。一个伙伴说:"妙呀! 这可是一次新奇的旅游，我和你一起去。"

要看这个国家、这条河，先看哪儿呢?

伙伴说:"当然先看那个只有一条河的国家，再看整条河到底有哪些国家。"

主意打定了，我们就笔直飞到冈比亚河口的班珠尔港。班珠尔是冈比亚河入海的地方，也是冈比亚共和国的首都。来到这儿一看，冈比亚河真不小呢。不仅河面很宽，河水也很深。我不由大大赞叹一番。

我们站在岸边看，一眼望不见边。啊，这哪是河呀，简直就是海。

伙伴有些怀疑说:"这里比黄河口还宽。大概不是河，是海湾吧。"

我告诉他:"不，这就是冈比亚河的河口。信不信由你，它有 20 千米宽呢。"

伙伴问我:"河有多宽，一眼就能看清楚。水有多深是怎么看出来的?"

我手指着停泊在岸边和行驶在河上的一艘艘海船说:"你瞧吧，如果这儿的水不深，这些海船能够在这儿自由自在航行吗?"

小知识

冈比亚 有人说，15 世纪葡萄牙人来到这里，向当地人打听这条河的名字，错误听了当地人的发音，记录为冈比亚河;还有一个说法认为，这是当地黑人冈不勒族的名称。

冈比亚河日落风光。（视觉中国供稿）

　　我们搭了一艘轮船从班珠尔出发，顺着冈比亚河向上游驶去，只见两边一片宽阔的平原，远远才露出一些山丘的影子。河身弯弯曲曲的，轮船逆水慢慢前进，大约行驶了240千米，不能继续往前走了。

　　我们问船上的水手："这里是冈比亚的边境吗？"

　　他说："到边境还早呢，这是轮船的终点站。要想再往前走，只能换小船了。"

　　我们换了一只小小的木船，接着向冈比亚河上游前进，又走了222千米，才到达冈比亚边境。前面是塞内加尔和几内亚，冈比亚河总共经过了三个国家。

　　冈比亚河很长很长，发源于几内亚境内的富塔贾隆高原，流经塞内加尔和冈比亚，在冈比亚的首都班珠尔附近流进大西洋。这条河从头到尾长1120千米，在冈比亚境内只有472千米长，连整条河的一半也不到。

泡水的河马先生

天气真热呀，热得实在受不了。瘦猴子还好办，干脆爬上树，躲在树荫下面趁风凉。土拨鼠也好办，一咕噜钻进地窟窿，就什么也不怕了。大胖子河马先生就受罪了，热得呼噜呼噜直喘气，难道还能顶着火辣辣的太阳，拖着圆滚滚的身子慢慢往前走吗？

猴子说："哈罗，胖哥，上树来吧。"河马先生摇摇头，叹一口气说："我不会爬树呀！就算有这个本领，也会把树枝压断，跌下来摔断骨头。"

土拨鼠伸出脑袋招呼它："喂，胖伯伯，钻进洞里来吧。地下晒不着太阳，比外面凉爽得多。"河马先生又叹一口气说："我是河马，不是老鼠。洞口那么小，钻不进去啊。"

河马先生没法爬树，也没法钻洞，怎么办才好？它也有自己的办法，慢腾腾走到河边，一步步走下水，把全身泡进水里，只露出眼睛和鼻孔在外面骨碌碌直转。

树上的猴子老远看见，心里急了，在树上乱蹦乱跳大声喊叫："啊呀，胖哥，你怎么往水里跳，不怕淹死吗？"土拨鼠也看见了，急得钻出洞朝着四周喊："救命呀！快来救河马胖伯伯。它落进河里，全身都看不见了。"

河马先生在水里听见它们乱咋呼，慢慢浮了起来，抬起身子说："你们瞎胡吵个啥？我是河马，不是马，天生就不怕水。要不，怎么叫河马这个名字？"

河马真的不是马，和马半点关系没有。河马的个儿很大，体重可以达到 4 吨多，陆地上的动物只有大象比它大

小知识

河马是食草动物，能够长时间泡在水里。它的鼻子、耳朵、眼睛等身体结构，都适应水里的生活。

池塘中的河马，非洲草原。（林林／FOTOE）

些。骆驼、水牛也靠边站，狮子、老虎更甭提了。河马既然叫河马，游泳本领就很好，还能在水底潜泳。它一辈子泡在水里的时间，比在岸上的时间还多得多。

它在水里会淹死吗？不会的。为了适应水里的生活，它的鼻子、耳朵、眼睛都长在头顶上，排在同一个平面上，统统可以露在河水外面，不仅可以自由自在呼吸空气，而且能听能看。它的鼻孔、耳朵孔和眼睛都有活动阀门，可以自动关闭又张开，不管在水里泡多久，也不会灌进水。

河马嘴巴大，食量也很大，是贪吃的家伙。要不，怎么会长得那么胖？

它吃那么多的东西，不会磨坏牙齿吗？放心吧，它的门牙不停生长。吃东西的时候磨损了多少，很快就能再长出来。

古时候，传说西域有一种奇特的汗血马。河马才是名副其实的汗血马。它的皮肤可以分泌出一些红色的汗水，猛一看好像鲜血，这才是真正的"汗血河马"。

河马在水里吃什么，抓鱼吃吗？不，它是吃素的"和尚"，只吃水草。不消说，当然它也吃陆地上的青草。它不咬人，别怕它。

名不副实的"绿色海角"

这儿是哪里？请记住这里的地理坐标：西经 17°33′，北纬 14°43′。这就是非洲大陆的最西点。大陆在这儿伸出一个海角，一直伸进白浪翻滚的大西洋里。横穿过整个非洲大陆的游客，再往前跨出一步，就会咕咚一声跌下大海了。

啊，原来它是非洲大陆的"西极"呀！只凭这一点，它就能吸引人们的眼球。站在这里的一块碑下，咔嚓一下子，拍一张照片带回家，可是最好的纪念。这儿是哪里？请记住它的名字——佛得角。

这个名字是什么意思？就是"绿色海角"呀！啊，真是活见鬼。脚下一片干不拉几的土地，草也没有几根，和这个富于诗意的名字一点也不沾边。这是谁取的名字？实在太没有眼力了。是不是正因为这里的自然条件恶劣，才把它叫作佛得角，寄托一个美好的向往？

噢，不是的。这是一个从撒哈拉大沙漠里来的探险队给它取的名字。人们都说这里的自然环境不好，可是好不好需要比较呀。他们冒着漫天风沙，千辛万苦穿过撒哈拉大沙漠来到这里，忽然瞧见海边有一排随风摇曳的椰树，面前一片蓝色的大海，简直像走进了天堂，心里一高兴，就给它取名叫作佛得角了。

佛得角在塞内加尔境内。由于它坐落在北回归线高压带的边缘，几乎整年都在撒哈拉热带大陆气团的控制下，实际上就是撒哈拉大沙漠干旱气候带的延伸部分，所以这儿不仅特别热，一年到头连雨水也见不着几滴，当然青草很少，谈不上一个"绿"字啰。

话说到这里，人们会问，既然这儿这么干旱，为什么海边还有椰树呢？它毕竟挨靠着大海，不是真正的沙漠，可能是地下水滋润的结果吧。

十星蓝旗下的岛国

佛得角共和国的国旗迎风招展。

那是一面美丽的蓝色旗帜，中间横着雪白和鲜红的条带，缀着 10 颗亮闪闪的金色星星，围绕着一个圆圈。

啊，这个旗子真好看，谁能告诉我其中包含的意义？

蓝色象征辽阔无边的大海和天空，白色象征向往的和平，红色象征努力，十颗金星象征全国的 10 个大岛。只消看懂这面旗子，就知道这个群

佛得角群岛中的萨尔岛海滨。（视觉中国供稿）

小知识

佛得角群岛是火山群岛。虽然在海边，气候却很干旱。佛得角群岛就在非洲大陆"西极"佛得角旁边，距离佛得角不过 500 千米。由于它们隔得这么近，自然环境也差不多。从非洲大陆刮来的东北信风，又干又热，几乎一年到头吹刮个不停，因此那里属于热带干燥气候。虽然这里在大西洋中间，年降水量也只有 100 到 200 毫米，雨水最多的地方也只有平均值的两倍。不消说，所有的岛上几乎都看不见一条像样的河流，水源非常贫乏。当然啰，这里只能靠海吃海，大海里的鱼儿还是捞不完的。

岛国家的大致情况啦。

啊，美丽的十星蓝旗，就是它递交给全世界的一张别致的名片。

得啦，让我们挨着个儿来看它的几个最有名的海岛吧。

这个群岛总共有大大小小 18 个岛屿，都是清一色的火山岛，在海上排成两串。外面一串迎着大西洋上的海风，就叫向风群岛；里面一串挨靠着大陆，叫作背风群岛。

它的首都普拉亚在最大的圣地亚哥岛上，位于背风群岛中央，好像是这一串岛屿的心脏。这个岛的面积几乎占全国的四分之一，人口也最多。

老二是向风群岛的排头兵圣安唐岛，不仅土质好，而且直接面对大西洋，雨水也比较多。不消说，这儿种庄稼最好。

老三是背风群岛的博阿维斯塔岛，虽然面积不小，却非常荒凉，只能在这儿放羊。

老四是和圣地亚哥岛隔海相望的福古岛。岛上高高耸起一座火山，海拔 2829 米，是整个群岛的最高峰。

老五是向风群岛的"副班长"圣尼古拉岛，也是一个农业岛。

除了这五大岛，还有几个值得一提的小岛。

背风群岛排头的萨尔岛，虽然土地贫瘠，不能种庄稼，可是这儿地势平坦，修建国际机场再好也没有了。

紧紧挨靠着圣安唐岛的圣维斯特岛虽然不大，可是由于环境好，大家都喜欢住在这儿，人口密度最大。全国最大的明德卢海港，也在这个小岛上。

南非高原鸟瞰

世界上的高原形形色色，可没有哪一个高原像南非高原一样。

高高的高原上，有一个浅浅的碟子，活像一个巨大的餐桌上，嵌放着一个天生的大盘子，完全不用别的餐具盛丰美的菜肴。这是什么？这就是南非高原的生动描述呀！

南非高原是非洲大高原的一部分，有自己独特的个性。它和中央拱起的北非高原不同，也和盖满热带雨林的几内亚高原，盖着厚厚的玄武岩盖子的埃塞俄比亚高原，以及中间纵贯一道大裂谷，狮子、斑马、长颈鹿成群结队到处跑的东非高原不一样。

它，就是它，独一无二的南非高原。

这个高原的边界非常清楚。北边是刚果盆地，东、西、南三面都是大海。一边是大西洋，一边是印度洋，活像一个巨大无比的半岛，周围悬崖绝壁环绕，笔直塞进波涛汹涌的大海里。

要较量，就和大海较量，那才是英雄本色。让海浪尽情冲撞吧，让海风尽情吹刮吧，它自岿然不动，多么威武雄壮。

这个高原上的大盘子是什么？

当然，这不是真正的盘子，而是一个宽浅的大洼地。这个洼地北边有一个缺口，一道低矮的分水岭那边就是非洲南部第一大河赞比西河了。这是卡拉哈里盆地。认真说起来，这也不是一个真正的盘子形状。它的东南和西部边缘的地势，不像盘子一样缓慢舒展开，而像阶梯似的一

南非高原的地形与众不同，四周高，中央低，海岸紧靠大海，是一个独特的高原。

草原上的野生角马，南非比林斯堡野生动物园（比林斯堡国家动物保护区）。（郭冀华/
FOTOE）

级级逐渐升高，活像一个巨大的运动场周围的看台。你说，有趣不有趣。

你想知道这个大盘子里面装的是什么吗？信不信由你，不是丛林和草地，而是一大盘子沙。

啊，想不到这个洼地里装的是沙子，这是怎么一回事？

原来这和地形条件有关系。说来道理很简单，因为这个高原东南边缘的德拉肯斯堡山脉是最高的部分，好像一道高高的挡风墙，挡住了海上来的东南风。它的迎风面雨水很多，分布着茂盛的森林；朝向里面的背风坡雨水很少，就形成一片干旱的半荒漠。

南非高原上有南非、纳米比亚、博茨瓦纳、津巴布韦、莱索托、斯威士兰等六个国家。

这个高原中部的卡拉哈里盆地其实也不低，海拔有 1000 米左右，远古时期原本是一个浅海，第四纪期间才上升为干涸的陆地。它的四周都是高地环绕，真的活像一个大盘子。

在这个高原上，最高点是莱索托东北边境的卡斯金峰，海拔 3657 米。最有名的是南边的开普山脉，有 800 千米长。好望角旁边的桌山，就是其中最南端的一座山。由于整个高原几乎都紧紧挨靠着大海，所以它的海岸非常陡峭，滨海低地的面积很狭小，和别的地方不一样。

竞技场峭壁剪影

图盖拉河沿着一道缓坡，往前流了一段，忽然从一道半月形的峭壁上直泻下去，经过谷底一些高高低低的台坎，生成一连串大大小小的瀑布；它继续往前流，河道越来越窄，流进一个深切峡谷，成为南部非洲的一个奇观；它再继续往下流，最后流过沿海平原，一直流进印度洋。

我们再回头说那个半月形的峭壁吧。它给人的印象实在太深了，不仅造型奇特，还留下了许多离奇的神话。人们说，这是山精秘密居住的地方，藏着许多秘密，一下子说也说不完。

当地黑人给它取的名字，已经随着时间推移，渐渐在人们的记忆中消失了。后来一个名字却保留下来，越叫越响亮，印在一本又一本书上。

请记住，这个名字叫作竞技场。

你看呀，眼前又高又陡的半月形峭壁，岂不像一个巨大的竞技场吗？奔泻的瀑布和激流，就是奔跑在这个竞技场里的选手。水流呼啸的声音，就是如痴如醉的观众的呐喊吧？竞技场这个名字，真是再恰当也没有了。

竞技场的景色也很美。

它的美感不仅仅在于奇特的峭壁本身，还和周围环境分不开。

这里的空气非常潮湿，加上瀑布水花四处飞溅，总是水雾蒙蒙的。云雾也很低很低，静悄悄在山谷里游移弥漫，时而很浓很浓，把整个峭壁都笼罩在里面，时而很淡很淡，敞露出半月形的峭壁影子，显得极其壮观。

霞光下的竞技场最美了。在清晨和黄昏的霞光的映照下，高耸的崖壁一派辉煌。静悄悄的夜晚，月光下的峭壁显得阴森森、冷清清的，又是另一番景象。

深谷里的锅穴

有一家三口正在南非旅游，前去参观布莱德河峡谷奇观。这个布莱德河峡谷非常狭窄，好像一条裂缝，深深切入岩石里。从头到脚，谷高将近1000米。更加奇特的是崖壁和谷底坚硬的山石上，散布着无数大大小小的凹坑。这些坑和这个狭窄的峡谷是怎么形成的呢？这家人议论起来。

爸爸说："现在我们要讨论的，集中到一点，就是什么力量开辟了这个峡谷，生成这些深浅不一、形状不同的凹坑。谷内只有水。水乃天下最柔弱之物，怎么能够完成这个任务，必须寻找新的动力。"

妈妈不假思索就说："依我之见，这不是自然界力量，只可能是风钻开辟的。风钻旋转就会磨蚀成这些凹坑。"

儿子说："人间哪有这种风钻，想必是外星人干的吧？"

旁边站着的一个老头，听了这一家三口的议论，忍不住滔滔不绝地讲了起来：这样深的峡谷是怎么形成的？和地壳运动分不开。这里是地壳上升的地区。在地壳不断抬升的过程中，汹涌的急流就像一把快刀，深深切入坚硬的花岗岩直达谷底，生成了这条鬼斧神工般的峡谷。

崖壁和谷底上的凹坑也是流水作用的产物。在下切过程中，湍急的水流形成了旋涡。水流挟带着大大小小的石块，在旋涡里飞速旋转，冲击磨蚀两边的崖壁和下面的谷底，就能够形成大小深浅不一的凹坑了。这种形态有一个专有名词——壶穴，又叫锅穴。

布莱德河峡谷的上游，是有名的产金地区，成千上万淘金者聚集的地方。有一个人想，既然河流上游有黄金，必定这里也有，我就在这个地方淘金吧。想不到他真的在一个壶穴里找到黄金，引来了许多淘金者。为了纪念这件奇事，人们就把这个壶穴取名"幸运穴"。

埃托沙盐沼里的脚印

雨季过去了，埃托沙冷清了。

埃托沙是怎么一回事？

这是一个巨大的盆地呀。不过整个埃托沙盆地的名字很少有人知道，倒是里面的一个盐沼的知名度大得多。这个盐沼就叫作埃托沙盐沼。

什么是盐沼？

顾名思义，就是一个含有盐分的沼泽地。

埃托沙盐沼在哪儿？

它位于纳米比亚北部，离一条铁路终点不远，早先曾经是一个大湖，在强烈蒸发作用下，后来慢慢干涸了，留下开阔的湖盆，上面积了一层盐壳，就是这个盐沼了。

盐沼啊盐沼，总是有盐也有沼。要不，怎么会叫这个名字？

让我们再回过头来，看一看雨季过后的埃托沙盐沼吧。这时候，雨季留下的仅有的一丁点儿水分已经消失。地面上似湿非湿、似水非水的，闪烁着一片灰蒙蒙的奇异亮光。

这就是湖水蒸发变干后，湖盆底部残留的沾水盐粒的特殊光芒呀。

仔细看这个盐沼表面，有一些凹凸不平，还有一条条宽窄不一的裂缝，和一般

小知识

埃托沙盐沼是一个高位盐沼，海拔 1030 米，总面积达到 4900 平方千米，是非洲最大的盐沼。地质学家研究了报告说，它连同周围的许多小盐沼，曾经共同构成一个大湖，后来才分解为许多大大小小的盐沼。它的形成过程，就是南部非洲一部气候演变的历史。埃托沙盐沼是季节性湖泊变化而生成的。

的湖底地形有些不一样。

再一看，泥地上还散布着许多奇怪的脚印呢。

这是当地人奔跑留下的吗？

不是的。这些脚印很复杂。有鸟儿的爪印，也有野兽的蹄印和脚掌印，大大小小不一样。沿着一串串脚印，可以追索到盐沼中央，甚至横穿过整个洼地。从脚印可以清楚辨认出它们的种类，这些都是到这个盐沼来的常

埃托沙盐沼里正在饮水的野生动物。(视觉中国供稿)

客。

这些鸟兽到这里干什么？可不是有闲心前来游玩的观光客，而是在干渴情况下，出于生存需要，从附近地方赶来再找一点生命之水的。

干涸的盐沼里还有水吗？

也有一丁点儿残留在一些低洼的水凼里，也有一些藏在薄薄的盐壳下面，得有丰富的经验才能找到。这些鸟兽就不得不穿过广阔的盐沼，在半干半湿的地面上留下自己的脚印了。

唉，说起来真可怜呀。

不消说，这儿并不总是这样冷清清，要看热闹，请换一个季节再来吧。

每到雨季，地势低洼的埃托沙盐沼里逐渐积满了水。从四面八方赶来饮水的各种各样的鸟兽，黑压压一大片，不知有多少。其中有斑马、羚羊、鬣狗、猎豹、长颈鹿，就连威严的狮子王、巨无霸的大象，也纡尊降贵加入这个行列。空中飞来的鸟群就更多得没法计算。死气沉沉的埃托沙盐沼，一下子热闹起来了。

埃托沙盐沼呀埃托沙盐沼，寄托了多少鸟兽的热望，也给予人们多少沉思。

"国中之国" 莱索托

啊，莱索托，世界在为你歌唱。

莱索托在哪儿?

这是非洲南部的一个内陆国家。它的四面八方都是南非共和国的土地，是一个名副其实的"国中之国"。

莱索托虽然不大，全国只有 3 平方千米，却以独立自主而自豪。

你看呀，它的雪白、湛蓝、碧绿的国旗迎风飘扬。雪白象征和平和纯洁，蓝色代表河流和天空，绿色代表牧场和田野。这里是南部非洲的河流之乡，这里是放牧和种庄稼的好地方。

你看呀，国旗上还缀着交叉的长柄标枪、圆头棒和鳄鱼皮的图案。那是莱索托战士传统的武器，鳄鱼是莱索托的国兽。莱索托战士像鳄鱼一样勇猛，手持长柄标枪和圆头棒战斗，宁愿抛掉头颅，也绝不低头做奴隶。

你看呀，莱索托的国徽本身就象征着一个盾牌，上面除了长柄标枪、圆头棒和鳄鱼皮，还有一个高耸的山峰图案。那是莱索托的圣山普佐阿峰。

莱索托王国的奠基人莫舒舒一世就埋葬在这个地方。国徽上面还有两匹象征力量的骏马，以及美丽的绿草地，表现出美丽的高原景色。横着的一条黄色绶带上，写着一句话"和平、雨露、丰饶"，这就是莱索托土地最好的描绘，也是人民的心声。

小知识

莱索托，在当地巴苏陀人的土话里，就是"低地"的意思。莱索托是一个山国，为什么叫作这个名字呢? 原来巴苏陀人最早居住在西部边境的低地上，后来才被殖民者赶上高地的。高原上的莱索托不算热，矿产很丰富，是非洲南部一些大河发源的地方。

莱索托山区夏日风光。(视觉中国供稿)

莱索托在哪儿？

这是一个高高在上的非洲南部国家。

为什么说它高高在上？因为它坐落在南非高原东部边缘的德拉肯斯山上，奥兰治河和土格拉河都发源于这里，从这个小小的山国经过南非共和国，一直流进印度洋。

莱索托的自然景观到底怎么样？它的中部和北部是高达3000米左右的高原，东部是山地，西部是丘陵。它的西部边界附近，有一条仅仅40千米宽的狭长低地，全国大多数人口都集中分布在这里。

啊，明白了。原来相对于周围地区来说，莱索托真的是一个高高在上的山国呀！

莱索托的地势很高，境内大多是高原和山地，海拔超过1500米。最高峰海拔3482米。这座山的名字很长，叫作塔巴纳恩特莱尼亚纳，你能够记住吗？这里虽然是热带大陆性气候，由于地势高耸，却并不算太热。可别小看了这个小小的山国，它也盛产金刚石，还有黄金、石棉等矿产呢。这里的高原上非常适合放牧，是非洲有名的羊毛产地。

鸵鸟的看家本领

这儿是非洲草原，这儿有三只鸵鸟。一只是鸵鸟先生，一只是鸵鸟太太，还有一只是鸵鸟小姐。

啊呀，不好了，原野里有三只狮子来了。鸵鸟小姐吓得拔腿就跑，鸵鸟太太却一动不动。

鸵鸟小姐招呼它："为什么你不跑？"

鸵鸟太太说："我生的蛋在这儿，这是我没有出世的小宝宝。我怎么能够扔掉它们自己逃跑！"

鸵鸟小姐问："你不怕狮子吗？"

鸵鸟太太说："放心吧，我有办法。"

鸵鸟先生说："你不跑，我也不跑。我保护你和没有出世的孩子。"

鸵鸟太太怎么防备狮子？

唉，它真笨呀！伸着长长的脖子，把小脑袋藏进沙堆里，只以为它看不见狮子，狮子也就看不见它了。

狮子来了，各自选准了目标。第一只狮子猛扑向鸵鸟先生，第二只狮子扑向脑袋藏在沙堆里的鸵鸟太太。第三只狮子追赶鸵鸟小姐。

鸵鸟先生为了保护鸵鸟太太，伸出有力的脚又踢又打。它的脚很有力气，是防备敌人的武器。进攻它的狮子没有防着这一招，禁不住退了一步。

小知识

鸵鸟不会飞，全靠两条腿飞跑，是有名的长跑好手。

鸵鸟太太的运气可没有这么好了。它看不见狮子，狮子可看见了它，一下子猛扑上去，就把它撕得粉碎。

鸵鸟小姐跨着大步，使尽全身力气往前飞跑。别瞧狮子跑得也快，却气喘吁吁追不

非洲鸵鸟。（董建民/FOTOE）

上它。眼看狮子快要追上了，鸵鸟小姐用力扇着大翅膀平衡住身子，转了一个急弯，躲开了狮子的追击。狮子追了一会儿，眼见长跑不是它的对手，只好放弃了。

　　非洲鸵鸟的个儿很大。伸长了脖子有 2.75 米高，身子有 155 千克重，是世界上最大的鸟。

　　鸵鸟有两只大翅膀，却不能飞上天，是不会飞的鸟。它长着翅膀不飞，用来干什么呢？难道是摆样子的装饰品吗？不，这是它在拔腿飞跑的时候，用来平衡身体的。

　　鸵鸟全仗它的两条长长的腿。一步可以跨七八米，一下子能够跳到 3.5 米高，每小时可以跑 60 千米，简直和汽车一样。它的力气很大，耐力特别好，接连跑半个多小时也不累。

　　最后可要提醒一下。千万别招惹鸵鸟，它的脚像马蹄。一旦它发了脾气，狠狠踢你一脚，没准儿会踢断你几根肋骨呢。

小女孩和淘宝热潮

一条默默无闻的河，流过一个默默无闻的地方。

这个默默无闻的地方，有一个默默无闻的小镇。这个默默无闻的小镇里，有一个默默无闻的小姑娘。

这条默默无闻的河是橘河。

这个默默无闻的地方是南非中部的一片荒原。

这个默默无闻的小镇叫作荷普敦，这儿是布尔人聚居的地方。布尔人不是当地的黑人，而是荷兰移民的后代。他们满怀希望千里迢迢来到这里，面对着这片空荡荡的荒原，失去了早先的梦想，只好低着脑袋老老实实种庄稼、放牛放羊过日子。

啊，荷普敦，就是希望镇的意思。希望，这个名字多么美好，没准儿这就是布尔人寄托的幻想吧。

小镇里那个小姑娘叫作伊拉兹马斯。以前可没谁留意她，就连同

小知识

橘河又名奥兰治河，发源于莱索托境内德拉肯斯山脉的马洛蒂山，向西流经南非中部及南非与纳米比亚的边界，最后流进大西洋，全长 2092 千米，流域面积 102 万平方千米，是非洲第六大河。

金刚石就是人们常说的钻石。自从小伊拉兹马斯发现了那颗金刚石后，精明的范尼盖克又从另一个放羊的黑孩子手里廉价收买来另一颗更加著名的金刚石，就是后来当地引以为傲的"南非之星"。一颗颗价值连城的金刚石被发现，使这里成为世界著名的金刚石产地之一。

河流是最好的运输者，可以从上游的矿区，把各种各样的矿石和宝石冲带到下游堆积。如果你仔细在河滩上寻找，没准儿也能发现许多有趣的矿石，甚至珍贵的宝石呢。

镇的孩子们也没有谁把她放在眼里。想不到就是她无意中的一个发现，使她一下子名声远扬，改变了荷普敦和橘河的命运，轰动了整个世界。

那是1867年的一天，她跟着一群大孩子到橘河边去玩。大孩子们嫌她太小，谁也不理睬她。她只好自己在河滩上捡小石子玩。忽然，有一颗小石子吸引住她，那颗石子在阳光下闪烁着耀眼的光芒。她觉得非常好奇，顺手拾起来玩，仔细一看，发现这颗小石子无论什么角度都发出一片虹彩般的亮光，活像一只闪光的金甲虫，好看极了。

小伊拉兹马斯捡了许多小石头，和这个闪光的小石子混在一起带回家，用来跳房子、当作棋子玩。谁也没有注意这个拖鼻涕的小姑娘，衣兜里有什么好东西。

她家的邻居范尼盖克先生是一个有心眼的商人。有一天从她的面前经过，瞧见了这颗发光的石头，拿起来一看，不由吃了一惊。

啊呀，这是一颗贵重的金刚石呀！他连忙找到小伊拉兹马斯的妈妈，掏出钱来要买这颗小石子。

小伊拉兹马斯的妈妈说："嗨，大家都是好邻居，说什么买不买的。这是孩子捡来的不值钱的东西。您喜欢，拿去就得啦。"

范尼盖克想不到这么容易就把这颗金刚石骗到了手，满脸堆着笑容，感谢了这位慷慨的邻居大嫂，又拍了拍小伊拉兹马斯的脑袋说："你真是一个乖孩子。"

大家都满足了，范尼盖克转身就走，立刻进城请有经验的珍宝商人鉴定。他没有看走眼，这的确是一颗货真价实的金刚石，重量达到21.75克拉，比他想象的还贵重得多。他心想卖给别的人没有意思，干脆卖给当地的殖民地长官，得到了一大笔钱。

这件事完了吗？不，这仅仅是一个开头。消息传出去，一下子就招引来无数淘宝者。他们在橘河两岸乱翻乱找，掀起了一场疯狂的探宝热潮。这里再也不默默无闻了，立刻成为全世界关注的焦点。

这从头到尾的事情该感谢谁呢？

就是那个拖鼻涕的小姑娘。

闪光的金伯利

金伯利，一个闪闪发光的名字。

为什么说它是发光的？因为这儿是世界闻名的金刚石产地呀！

金伯利的出名，说起来也和咱们在前面讲过的那个橘河边的小女孩，以及那个发现"非洲之星"的放羊娃有关系。因为他们的发现，掀起了一股又一股探宝热潮。人们开始想，这两个孩子在河滩上和野地里发现金刚石，绝对不是偶然的。河流源头必定有储量丰富的母矿。如果开采出来，价值就更大了。

只有那些目光短浅的人还在河滩上乱刨乱挖，有头脑的探宝者开始把视线转移到河流上游的山区，着手勘探金刚石的母矿。人们经过不懈努力，终于在1871年发现了原生的金刚石矿床。

啊呀！人们做梦也没有想到，这儿地下居然有许多巨大的管状矿脉。一条条矿脉向周围伸展出来，好像一棵棵枝叶茂密的神奇大树，

小知识

金伯利岩主要分布在地壳稳定的地区，常常形成特殊的岩筒和岩墙。其中的矿脉里含有许多贵重的金刚石，好像一朵朵灿烂的地下"宝石花"。一个岩筒虽然不大，一般不到1万平方米，最大的也不到2万平方千米，可是成群出现的岩筒加起来就非常可观了。金伯利城附近的一个矿区里，就有十多个岩筒组成一个巨大的岩筒群，出产了许多金刚石。

金伯利矿区的德比尔斯岩筒，是世界上最大的矿坑。它的直径达到500米，有700米深，地下采矿坑道一直伸展到1100米的深处，至今已采出2320万克拉金刚石，是游客们到此一游的最大热点。

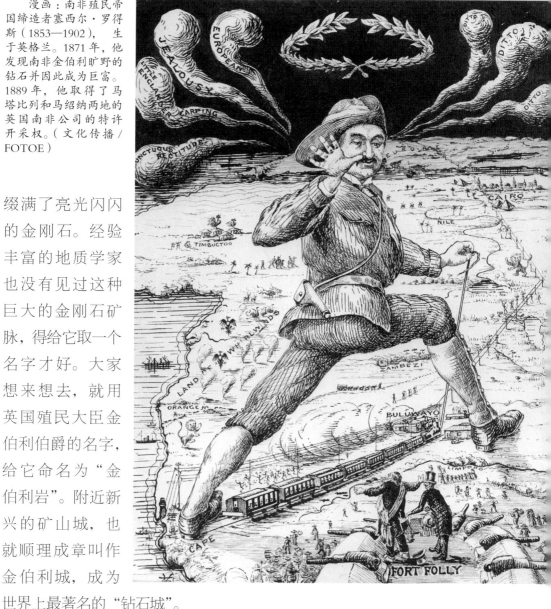

漫画：南非殖民帝国缔造者塞西尔·罗得斯（1853—1902），生于英格兰。1871年，他发现南非金伯利旷野的钻石并因此成为巨富。1889年，他取得了马塔比列和马绍纳两地的英国南非公司的特许开采权。（文化传播／FOTOE）

缀满了亮光闪闪的金刚石。经验丰富的地质学家也没有见过这种巨大的金刚石矿脉，得给它取一个名字才好。大家想来想去，就用英国殖民大臣金伯利伯爵的名字，给它命名为"金伯利岩"。附近新兴的矿山城，也就顺理成章叫作金伯利城，成为世界上最著名的"钻石城"。

往下的事情还需要多说吗？顺着这些矿脉往下挖吧。一颗又一颗著名的金刚石在这里出土了，包括举世无双的"库利南"、纯洁无瑕的"维多利亚女王"，以及其他许许多多美丽的金刚石。

风暴角，好望角

15 世纪刚刚开始的时候，一只罪恶的手悄悄从北方伸过来，触摸着富庶的非洲大陆。

那是一艘艘葡萄牙武装帆船，理直气壮地闯进了沉睡的非洲。

他们有什么"理"？凭什么"气壮"？

他们依据的是几代罗马教皇的圣谕。15 世纪初期，葡萄牙的航海家鼻祖亨利王子，首先开展海外发现和殖民活动，占领西非一些地方。罗马教皇尼古拉五世于 1452 年、罗马教皇卡利克特三世于 1456 年就先后批准葡萄牙对非洲的贸易进行垄断，并且拥有非洲大西洋沿岸，及其前方直至印度的全部海岸的所有权。

有了这个"法律性质"的根据，葡萄牙人就理直气壮放手大干了，一口气占领了一大片地方，专门训练了一批猎狗来捕捉躲藏在树丛中的黑人。他们在所到之处，竖立起刻有铭文的石碑，面对一些听得莫明其妙的当地黑人，宣布对这里永久性占领，在地图上划出了一处又一处的可耻名称："黄金海岸""象牙海岸""胡椒海岸""奴隶海岸"……逐渐把魔爪从西非伸展到了南非。

1487 年 8 月，葡萄牙国王派遣迪亚士率领一艘帆船继续前进，寻找绕过非洲的道路。他也一路上杀戮无辜，竖起所谓主权的石碑，慢慢接近了向往中的目的地。

第二年，他终于到达了那里，发现了一个海角，前面都是大海，再也看不见陆地了。不消说，这就是非洲大陆的最南端。往前是另一个大洋，不是熟悉的大西洋了。他完成了任务，却遭遇了一场前所未见的猛烈风暴，险些儿丢掉了性命。

南非好望角，左为印度洋，右为大西洋。（曾志/FOTOE）

这场风暴给他印象太深了，他干脆把眼前这个海角命名为风暴角，返回里斯本交差。葡萄牙国王茹安二世非常高兴，却对风暴角这个名字不满意。因为他的目的是要绕过非洲大陆，向富饶的印度前进，占领那个东方古国。风暴角这个名字不吉利，大笔一挥就顺手改名好望角。

好望角附近海上的风，为什么那样猛烈，几乎一年四季都掀起狂风巨浪？原来这是南纬 40° 西风带的影响。常年吹刮不停的大风，在无遮无拦的海上更加猛烈，形成南非海岸附近有名的"风门关"。

茹安二世取名好望角，除了表现他对东方财富的渴望，也取得了"有力"的"法律根据"呢。

不久，到了 1493 年，在罗马教皇亚历山大六世的主持下，用他"纯洁"的手，签署了一个被称为《世界第一个分界线》的"神圣文件"。规定葡萄牙向东，西班牙向西，完全平分世界，具有占领所有的大陆和岛屿的"神圣权利"。葡萄牙得到这个"神圣"文件的支持，岂不是好望连连吗？

巨人的餐桌

1488 年，葡萄牙航海家迪亚士到达好望角，首先看见的是什么？

不是浪涛澎湃的海岸，也不是海边的树林，想必是一个巨大的石头桌子。可惜他没有给它取名字，白白把这个荣誉让给了别人。

首先给这个"石头桌子"取名的是一个迟到者，另外一个葡萄牙航海家萨尔达尼亚。1503 年，他在这里登陆寻找淡水，也抬头望见了这座平顶山。他凭着第一印象，随口就给它取名米萨山。在葡萄牙语里，"米萨"就是"桌子"之意。后来英国人来了，也把它叫作"桌山"。

啊，这是怎么一回事？难道是当地人把家里的桌子搬出来，放在海边吗？不是的。这个桌子奇大无比，桌面足足有 3000 多米长。如果说它真的是桌子，只有传说中的巨人才能使用。

你看它，四四方方的，活像一个方桌。你看它，山顶十分平坦，可以抖开缰绳纵情跑马。不消说，这就是平整的桌面了。你看它，四周悬崖绝壁环绕，整个就是一个巨大的石台，岂不像石头桌子的模样吗？

更加奇特的是，这个大石头桌子上，有时候还铺了一张雪白的桌布呢。

你不信吗？请你夏天来看吧。山顶上真的铺开了一张白色的桌布，仿佛就要举行巨人宴会了。咦，这是怎么一回事？难道神话是真的，这真的是一张巨人的餐桌？要不就是自己看花了眼睛。

当然不是的。仔细一看，原来是覆盖在山顶上的白云呀！夏天，东南风从遥远的印度洋吹送来的云层，恰好和它的高度相当，就像铺开了一张清洁的桌布。

小知识

桌山是水平岩层形成的，平坦的山顶就是水平岩层面。

南非开普敦桌山日落。(曾志/FOTOE)

桌山有云，也有雨。靠着海边，雨水本来就很多。特别在冬天，西北风从大西洋吹送来的雨水，滴滴答答下个不停，就是特布尔山的雨季来了。

好奇的游客喜欢特布尔山，因为它本身就是绝妙的景观。到了南非不到好望角，等于没有到南非。到了好望角不登特布尔山，等于没有到好望角。

南来北往的水手喜欢特布尔山，因为它是最好的航行标志。远远望见它那高大平坦的身影，就知道好望角到了。

好望角的特布尔山海拔 1082 米，紧紧挨靠在好望角边拔地而起，气势十分雄伟。站在山顶上，往前看是开普敦港市和大西洋，往后看是山丘连绵不绝的非洲大陆。

特布尔山上植被非常丰富，仅仅菊科植物就有 250 多种，别的野花野草就多得没法计算了。

人们瞧着这个巨大的平顶山，不由会问：这是怎么形成的？

原来这是特殊的水平地质构造的产物，在地质学专有名词库里，又叫作方山。什么是水平地质构造？就是一层层平坦的岩层呀。平坦的山顶就是平坦的岩层顶面，山顶当然一马平川啰。它的山顶表面是坚硬的砂岩，能够长期抵御风化剥蚀，把平坦的山顶地形保留下来。因为它的名气很大，被当成世界上最典型的一座桌山，是这种类型山地的代表。

有羽毛的鱼

好望角，非洲大陆最南端的海角，从前与世隔绝，默默无闻，却隐藏了外界谁也不知道的许多秘密。

瞧吧，这又是一个令人感到惊奇的秘密。1620年，一个法国船长来到这儿，好奇地朝四周打量，无意中瞧见海水里浮沉着一些奇怪的动物，产生了极大兴趣。说这是鱼，身上却披着鸟儿一样的羽毛；说不是鱼，却像鱼儿一样冲波逐浪，自由自在钻进海水找东西吃。

噢，这是什么东西？他不仅没有见过，听也没有听说过，到底该怎么记录呢？他搔着脑袋想了老半天，也想不出是什么东西，只好根据自己的印象，在航海日记里这样记述："我看见了一种有羽毛的大鱼。"

时间一年年过去，谁也记不起这个船长是什么模样了。可是他留下来的这本日记，不知不觉成为文物。毕竟这是早期考察好望角的一本记录，里面的每一句话，都引起人们的兴趣。经过人们考证，所有的东西都一一找到了证据。可是由于他没有写清楚，只剩下这个有羽毛的鱼还是一个谜。人们不知道他说的到底是什么东西，想来想去也不明白。

人们研究了很久，好不容易才弄清楚他说的是什么。嗨，原来这是生活在好望角的企鹅呀。这个法国船长少见多怪，不知道这种奇怪的动物。

话说到这里，没准有人会提出疑问。只听说过南极大陆有企鹅，它怎么会跑到非洲去了？

一般人只知道南极大陆是企鹅的老家，不知道好望角也有它的影子。

其实企鹅分布很广，并不是南极大陆的特产。发现好望角的葡萄牙航海家迪亚士到达这里的时候，水手们就看见岸边有成群的企鹅，只不过没有给它们取名字罢了。不仅非洲南端的好望角有企鹅的影子。麦哲伦环球

斑嘴环企鹅，又名黑脚企鹅、非洲企鹅，身材矮小，黑喙的前端有一圈白色圆环，身高50厘米左右。（李鹰/FOTOE）

航行的时候，也曾经在南美洲最南部的巴塔哥尼亚海岸，见过成群结队的企鹅。麦哲伦比那个法国船长聪明得多，不会连鱼和鸟也分不清，没有把它叫作"有羽毛的大鱼"，而是老老实实说这是一种"不认识的鹅"。

"不认识的鹅"，也就是"鹅"嘛，这就基本接近正确答案了。

科学家经过研究，最后宣布：在几千万年前的远古时期，地球上许多地方都有企鹅，甚至南美洲的热带海岸，还有一种已经灭绝的热带企鹅呢。后来北半球的企鹅消失了，南半球也越来越少，只剩下少数地方才有它的影子。

企鹅和鸵鸟一样也不会飞。可是根据化石研究，最早的企鹅也能够飞上天。直到65万年前，它的翅膀才慢慢发生变化，变成能够划水游泳的鳍肢，成为现在我们看见的企鹅。

为什么现在南极大陆的企鹅最多？因为那里没有凶狠的敌害，是它们最可靠的避难所呀！

海上的大冰块及山脉，南极。（王琛 /CTPphoto/FOTOE）

南极洲

NANJIZHOU

南极大陆掠影

南极大陆，最孤立的大陆。它四周都被大海环绕，不和任何陆地连接，好像一个隐士，孤独地藏身在地球的最南端。

话说到这里，人们会提出疑问。澳大利亚也是大海环绕呀，怎么说南极大陆是唯一的孤立的陆地？

是啊，猛一看，澳大利亚和南极大陆差不多。可是前者周围是温暖的海洋，人们可以自由自在划着船儿来往。南极大陆周围却是一片冰冻的大海，好像一道不可逾越的冰墙，阻碍了人们的脚步，也挡住了人们的视线。它是全封闭的，澳大利亚仅仅是半封闭的，二者完全不能相提并论。

南极大陆，最寒冷的大陆。这里真冷啊！人们说北极熊的老家北冰洋冷。北冰洋和它相比，简直是小巫见大巫。这儿的平均气温比北极要低20度。你说，地球的北极和南极，到底谁更冷？

这里最"温暖"的地方是沿海地区，年平均气温也在 −17℃ 至 −20℃ 左右。内陆地区的年平均温度达到 −30℃ 至 −50℃。东南极的高原中心最冷，年平均气温甚至低到了 −57.5℃。1960 年 8 月，苏联的东方站记录到 −88.3℃ 的低温。1983 年 7 月，新西兰的万达站，记录到 −89.6℃ 的最低气温。

哇，这样冷的地方还不算全世界最冷的吗？有人说，在这样的低温下，钢铁也会变得像玻璃一样脆。如果把一杯热水泼到空中，一下子就会变成冰晶，真一点也不错。

南极大陆，最高的大陆。啊，这是真的吗？这里没有"世界屋脊"的高原，也没有"世界第三极"的珠穆朗玛峰，怎么会是最高的地方？

是的，这儿的确没有"世界屋脊"和"世界第三极"。可是它的整体平均海拔高度达到了 2500 米，亚洲平均海拔高度却只有 950 米。接着排下来，北美洲 700 米，南美洲 600 米，非洲 560 米，欧洲只有区区 300 米，大洋洲就更低了。南极大陆的平均海拔高度是亚洲的两倍多，昂首笑傲其他大陆，难道还不算世界最高的大陆吗？

情况真是这样吗？也需要赶紧补充一句。它的平均海拔高度的确超过了其他大陆，可又不能完全这样讲。咦，这是怎么回事？既然是第一，又不是这回事，难道还有什么隐情吗？

有呀！原来南极大陆上面盖着一层厚厚的冰，平均厚度有 2000 多米，最厚的地方达到 4800 米以上。如果剥掉这个冰外套，南极大陆就没有这么高了。那时候，它排名第几，还很难说呢。

哈哈！想不到南极大陆是一个冒牌老大，揭开了厚厚的冰盖，可能它的平均高度连大洋洲也不如。

喔，话也不能这样讲呀。就算它脱下了冰外套，也不会降低到倒数第一的位置。

为什么这样说？因为它承受了冰盖的巨大压力，一旦上面的巨厚冰盖消除后，下面的地壳将会强烈反弹，谁知道还会迅速增长多少呢？

小知识

南极大陆总面积大约 6500 万平方千米。它不仅是最孤立、最寒冷、平均海拔最高的大陆，还是最荒凉寂寞的大陆。

这里几乎可以算作生命的禁域。除了它的最北端，伸出南极圈的南极半岛有两三种开花的小草，以及偶尔见到的一些苔藓、地衣，没有一丁点儿绿色植物的影子，是唯一没有一棵树的大陆。这里除了沿海地区有企鹅、海豹和极少数鸟儿，以及偶尔见到的极少数昆虫，就再也没有别的动物的影子。这是唯一没有陆地脊椎动物的大陆。

南极大陆几乎没有一条河流。南极考察队员找来找去，只在短暂的夏天才找到一条 29 千米长的小小水沟，流淌着一些"河水"。一到冬天，就连这条所谓的河流也消失了，是世界上唯一没有河流的大陆。

呜，南极大陆真的非常荒凉寂寞呀！

话说南极冰棚

南极大陆和别的大陆不一样,周围还延伸着非常宽阔的"固体"部分。这不是岩石和泥土,而是几乎同样坚实的冰。南极大陆 97% 的土地都被厚厚的冰层覆盖,形成了巨大的南极冰盖。它盖满了陆地,还延伸到附近的海域,漂浮在海面上,形成了特殊的冰棚。

为什么陆地上的冰盖会蔓延到海上?因为巨厚的冰盖形成后,在自身的重量和地形条件的影响下,就会朝着四周缓慢移动,形成大陆冰川。大陆冰川也不是笼统一块,不同的部分运动和静止的状况

南极冰山。(刘远/FOTOE)

不一样，也有一条条不同的内陆冰川。拿南极附近的查里斯王子山脉附近的兰伯特冰川来说吧，就有 400 千米长，80 千米宽，最厚的地方达到 2500 米左右，年平均流速达到 350 米，

缓慢流进陆地旁边的冰海，为海上冰棚增添了许多冰块。

　　在南极大陆，绝大多数冰川都流进了西南极陆地两侧的罗斯海和威德尔海，形成两个巨大的冰棚。其中，罗斯冰棚有 800 千米宽，总面积达到 53 万平方千米，几乎和法国一样大。威德尔冰棚也有 40 万平方千米，几乎相当于英国的两倍大。

　　南极大陆的冰棚这样大，这样厚，人们完全可以在上面行走，开载重车辆也不成问题。

　　啊，这样坚固的冰棚简直完全和陆地一样呀！想不到南极大陆穿了一条亮晶晶的"冰围裙"，扩展了很大的面积。

　　南极大陆的冰棚是什么时候形成的？不消说，是在气候变冷的时候。

　　地球气候什么时候开始变冷的？不消说，在第四纪冰期时代冷得最厉害。南极冰棚主要是在这个时期形成的。可是有证据表明，早在第三纪期间，这里就已经有小范围的陆棚冰了。

　　南极大陆的冰棚毕竟不是真正的陆地，随着气候变暖会逐渐融化。如果这儿的冰棚全部融化，就会使世界大洋的海平面升高，改变世界上许多地方的海陆轮廓，一些小岛也会被淹没。

南极冰湖之谜

　　冰封的南极大陆有湖吗？这儿怎么可能有湖呢？如果这儿真的有湖，湖水不会立刻就冻结起来吗？

　　有的！1973年，"光轮5号"人造卫星发回照片，由于使用了不受云层影响的微波技术，大大提高了清晰度，可以看清许多细节。人们意外地发现南极大陆旁边，冰封的威德尔海上，竟有一个没有冻结的"大湖"。面积约有71800平方千米，把台湾加上海南岛一起放进去，也绰绰有余呢。

　　噢，这算什么湖。严格来讲，只不过是冰海上的一个大窟窿眼儿罢了，不是真正的湖泊。可是这里气候严寒，终年到处冰封。不管陆地还是海上，表面都披着厚厚的冰甲，连破冰船也闯不进去，怎么会生成这么巨大的冰上大湖，是一个不可解的疑谜。

　　这个发现引起了人们极大的兴趣。为了证实情况，人们专门进行了复查，证明的确有这回事，就把它画在地图上。奇怪的是，这个古里古怪的冰上湖泊竟会给人们开玩笑。过了几年，人们冒着严寒兴冲冲再去考察的时候，它竟不声不响地消失了。

　　知道这回事的人们不禁会好奇提问：这个冰海上的"大湖"是怎么生成的？关于南极大陆冰湖的谜，有种种猜测。这是风把海上的冰盖吹开，露出下面波涛起伏的海水吗？不，世界上哪有这样大的风。就算有这样大的风，也不可能连续不断猛吹好几年，把海上的冰吹开呀。

　　有人猜：莫不是冰下的海水对流？下面比较温暖的海水循环上升到上面，融化了冰盖，生成了这个"湖泊"？

　　也不是的。请你仔细算一下，需要多大的热量，才能够融化那么厚的冰盖？好好想一下，南极地区哪有这样高温的海水，足以融化这样一大

南极冰山及乘坐橡皮艇的探险队。（刘远/FOTOE）

片厚层冰盖？就算有，又怎么可能大面积上升到表层，把一大片冰盖统统融化掉呢？

有人猜：是不是由于洋面冻结，将盐分排到浮冰层下，使其盐度和比重增加？在盐度差的影响下，海水上下层也能造成水内环流，使下面比较温暖的海水上升，融化浮冰成湖。

这个说法似乎有一些道理，但是也需要进一步证实。

还有人猜测，是海底火山喷发的结果。

但是要融化这样大一片冰海，也不是一个火山喷发可以完成的，必须有许多火山同时喷发才行。这种情况太少见了，也是一个难解的谜啊。何况火山喷发只是一会儿的事情，能够融化了冰海，保持很长的时间也非常困难呀。

最后有人说，由于冰面反光，会造成类似水面的假象。这是判断的错误，冰封的海上根本就没有湖泊存在。

这个冰湖到底是怎么一回事，还是一个未解的疑谜。

南极无雪干谷之谜

亮晶晶的南极大陆，闪烁着一派皎洁的银光，好像镜子一样，比世界上所有的大陆都神奇美丽。

是啊，南极大陆上盖满了冰雪，映射着镜子般的亮光。如果不是这个样子，就不算南极大陆了。

这儿真的遍地是冰雪吗？那可不一定了。1910年到1912年间，英国探险家斯科特带领一支探险队深入南极大陆，忽然闯进了一个奇怪的山谷。地面上几乎没有一丁点儿积雪，袒露出深色的岩石，和周围的冰雪世界相比，显得有些格格不入。

咦，这是怎么一回事？在这个冰雪世界里，怎么会有这样一个光秃秃的岩石山谷？难道这里从来没有下过雪，不是冰封万里的南极大陆的一部分？

南极海豹。（刘远/FOTOE）

队员们仔细探察，还在这个奇异的山谷里发现了一些海豹的干尸。由于气候寒冷，海豹尸体保存还很完好，不知是什么时候死在这里的。这个荒凉的谷地呈现出一派恐怖景象，好像传说中的死亡谷。

谁都知道海豹是海洋动物，虽然有时候也可以爬上海岸，却不能爬得太远。这里距离海边最近也有好几十千米，甚至达到上百千米。它们怎么会违背通常的习惯，跑到这样远的地方来，一只接一只死在里面？

这是凶猛动物叼来的吗？

不对呀！南极大陆不是北冰洋，

没有专门捕捉海豹的北极熊，也没有别的猛兽，谁会把这些海豹带来呢？再说，凶猛的野兽抓住猎物，总是立刻撕碎吃掉，还会费那样大的力气，拖到这儿来吗？

这是猎人带来的吗？

也不对呀！南极大陆一片荒凉，没有半个人影，哪来的神秘猎人？

使他们惊奇的事情还没有完。想不到他们在这个山谷旁边，又接二连三发现了另外两个无雪的谷地。这些山谷里，还散布着一些奇特的咸水湖。

瞧吧，这儿一下子就冒出了好几个疑谜。探险队员们想不通，谁能帮助他们破解这些谜底呢？

这些现象发生在南极大陆边缘的麦克默多海湾附近的一道山脉里。上述三个无雪山谷依次纵向排列，分别是泰勒谷、赖特谷和维多利亚谷。无雪干谷周围的山地海拔大约 1500 至 2500 米。山上的冰川伸展下来，形成了一道道冰瀑。冰川不能到达的地方，几乎整年都不下雪，所以才生成了这种无雪干谷。

第一个谜或许能够猜破。经过实地观测，人们发现了一个秘密。原来南极大陆各处的降雪量，并不是完全一样的。这些无雪干谷的年降雪量很少，如果折算成雨量，只相当于区区 25 毫米。这样少的雪，经不住大风吹刮，很容易被吹刮得干干净净。还有人说，可能这儿是一个地热源，好像地下有一团火在烤，地面积雪当然很容易融化。

第二个谜和第三个谜可能联系在一起。有人猜，没准儿这里从前是一个伸进内陆的海湾，留下这些海豹遗体，也留下了咸水湖。是不是这回事，还得进一步研究清楚。

鄂新登字 04 号

图书在版编目（ＣＩＰ）数据

世界大自然. 非洲 南极洲 / 刘兴诗著. —武汉：长江少年儿童出版社，2015.12
（刘兴诗爷爷讲述）
ISBN 978－7－5560－3709－4

Ⅰ.①世… Ⅱ.①刘… Ⅲ.①自然地理—非洲—少儿读物 ②自然地理—南极洲—少儿读物 Ⅳ.①P941－49

中国版本图书馆 CIP 数据核字(2015)第 302412 号

世界大自然·非洲 南极洲

出 品 人:李 兵
出版发行:长江少年儿童出版社
业务电话:(027)87679174 (027)87679195
网 址:http://www.cjcpg.com
电子邮件:cjcpg_cp@163.com
承 印 厂:湖北恒泰印务有限公司
经 销:新华书店湖北发行所
印 张:12
印 次:2015 年 12 月第 1 版,2015 年 12 月第 1 次印刷
规 格:720 毫米 × 1000 毫米
开 本:16 开
书 号:ISBN 978－7－5560－3709－4
定 价:29.80 元

本书如有印装质量问题 可向承印厂调换